FICHES détachables

3e

Objectif BREVET

Maths

Nicolas Clamart
Agrégé de Mathématiques,
professeur en collège

hachette
ÉDUCATION

Pour réviser efficacement !

Des fiches synthétiques et complètes

Des fiches pratiques, à emporter partout

Des résumés de cours et les méthodes clés

Les corrigés détaillés et guidés

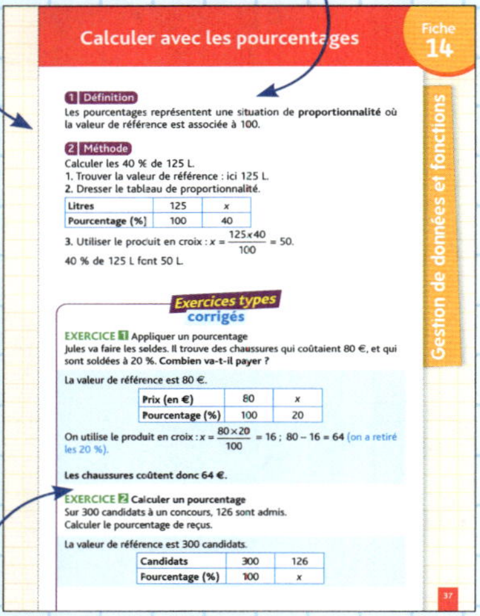

Calculer avec les pourcentages

Fiche 14

Gestion de données et fonctions

1 Définition

Les pourcentages représentent une situation de **proportionnalité** où la valeur de référence est associée à 100.

2 Méthode

Calculer les 40 % de 125 L.

1. Trouver la valeur de référence : ici 125 L.
2. Dresser le tableau de proportionnalité.

Litres	125	x
Pourcentage (%)	100	40

3. Utiliser le produit en croix : $x = \frac{125 \times 40}{100} = 50$.

40 % de 125 L font 50 L.

Exercices types corrigés

EXERCICE 1 **Appliquer un pourcentage**

Jules va faire les soldes. Il trouve des chaussures qui coûtaient 80 €, et qui sont soldées à 20 %. **Combien va-t-il payer ?**

La valeur de référence est 80 €.

Prix (en €)	80	x
Pourcentage (%)	100	20

On utilise le produit en croix : $x = \frac{80 \times 20}{100} = 16$; 80 – 16 = 64 (on a retiré les 20 %).

Les chaussures coûtent donc 64 €.

EXERCICE 2 **Calculer un pourcentage**

Sur 300 candidats à un concours, 126 sont admis.
Calculer le pourcentage de reçus.

La valeur de référence est 300 candidats.

Candidats	300	126
Pourcentage (%)	100	x

37

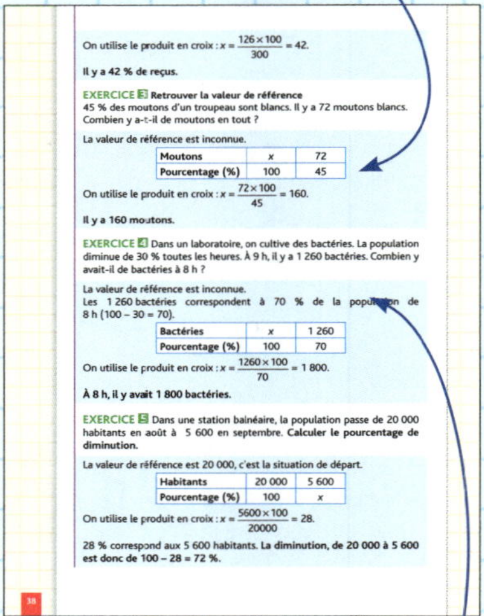

On utilise le produit en croix : $x = \frac{126 \times 100}{300} = 42$.

Il y a 42 % de reçus.

EXERCICE 3 **Retrouver la valeur de référence**

45 % des moutons d'un troupeau sont blancs. Il y a 72 moutons blancs. Combien y a-t-il de moutons en tout ?

La valeur de référence est inconnue.

Moutons	x	72
Pourcentage (%)	100	45

On utilise le produit en croix : $x = \frac{72 \times 100}{45} = 160$.

Il y a 160 moutons.

EXERCICE 4 Dans un laboratoire, on cultive des bactéries. La population diminue de 30 % toutes les heures. À 9 h, il y a 1 260 bactéries. Combien y avait-il de bactéries à 8 h ?

La valeur de référence est inconnue.
Les 1 260 bactéries correspondent à 70 % de la population de 8 h (100 – 30 = 70).

Bactéries	x	1 260
Pourcentage (%)	100	70

On utilise le produit en croix : $x = \frac{1260 \times 100}{70} = 1\,800$.

À 8 h, il y avait 1 800 bactéries.

EXERCICE 5 Dans une station balnéaire, la population passe de 20 000 habitants en août à 5 600 en septembre. **Calculer le pourcentage de diminution.**

La valeur de référence est 20 000, c'est la situation de départ.

Habitants	20 000	5 600
Pourcentage (%)	100	x

On utilise le produit en croix : $x = \frac{5600 \times 100}{20000} = 28$.

28 % correspond aux 5 600 habitants. **La diminution, de 20 000 à 5 600 est donc de 100 – 28 = 72 %.**

38

Des exercices types pour s'entraîner et se perfectionner

Les étapes de résolution et des calculs

Conception graphique
Couverture et intérieur : Stéphanie Benoit

Réalisation
Schémas : Grafatom
Mise en pages : Grafatom
Couverture : Stéphanie Benoit
Edition : Adeline Pécout

www.parascolaire.hachette-education.com
ISBN : 978-2-01-726934-2

Achevé d'imprimer en décembre 2024 en France par Chirat - N° 202411.0127
Dépôt légal : Janvier 2025 - Edition 01

Sommaire

NOMBRES ET CALCULS

ORGANISATION ET GESTION DE DONNÉES, FONCTIONS

Proportionnalité

Statistiques

Probabilités

Fonctions

ESPACE ET GÉOMÉTRIE

GRANDEURS ET MESURES

ALGORITHMIQUE ET PROGRAMMATION

MÉTHODES DE RÉSOLUTION DE PROBLÈMES

Réussir le Brevet

1 | Modalités administratives du diplôme national du Brevet

Le diplôme national du Brevet (DNB) s'obtient en ajoutant deux types de résultats :

- les **résultats acquis en cours de scolarité** qui déterminent votre niveau de maîtrise du socle commun de connaissances, de compétences et de culture, évalué pour chacune de ses composantes par vos professeurs ; ce niveau est converti en points sur un total maximum de **400 points ;**
- les **notes obtenues aux cinq épreuves terminales de l'examen du DNB,** sur un total maximum de **400 points**.

• **Le DNB comporte deux séries : série générale et série professionnelle.**
Si vous êtes inscrit en classe de 3e générale, vous devez vous présenter en série générale.

• **La série professionnelle** est réservée aux candidats bénéficiant de dispositifs particuliers (enseignement agricole, SEGPA, ULIS, UPE2A, 3e prépa-pro, DIMA) : ils peuvent choisir de se présenter en série générale, s'ils le préfèrent.

• **Si vous êtes scolarisé dans un collège,** votre établissement vous proposera l'inscription au DNB et vos responsables légaux devront compléter et signer le formulaire d'inscription.
Si vous êtes candidat individuel, vous devez vous adresser à l'inspection académique de votre résidence/domicile vers les mois de novembre-décembre précédant la session de juin à laquelle vous voulez vous inscrire.

Le jour de l'épreuve, prévoyez d'avoir **votre carte nationale d'identité** ou un autre document officiel comportant une photographie : vous devez faire preuve de votre identité au moment de l'examen.

2 | Le niveau de maîtrise du socle commun

• Les résultats obtenus en cours d'année (qu'ils fassent l'objet de notes ou d'autres formes d'évaluation) sont pris en compte dans toutes les disciplines pour évaluer votre niveau de maîtrise des compétences attendues dans les différents éléments qui composent le socle commun.

• Le **domaine 1** : « les langages pour penser et communiquer » décliné en ses quatre composantes :
– « Comprendre, s'exprimer en utilisant la langue française à l'oral et à l'écrit » ;
– « Comprendre, s'exprimer en utilisant une langue étrangère et, le cas échéant, une langue régionale » ;
– « Comprendre, s'exprimer en utilisant les langages mathématiques, scientifiques et informatiques » ;
– « Comprendre, s'exprimer en utilisant les langages des arts et du corps ».

- Chacun des quatre autres domaines de formation du socle :
– le **domaine 2** : « les méthodes et outils pour apprendre » ;
– le **domaine 3** : « la formation de la personne et du citoyen » ;
– le **domaine 4** : « les systèmes naturels et les systèmes techniques » ;
– le **domaine 5** : « les représentations du monde et l'activité humaine ».

- Pour chacune de ces composantes (soit 8 au total), les enseignants évaluent le degré de maîtrise que vous avez atteint. Il est attribué :
– 10 points si vous avez obtenu le niveau maîtrise insuffisante ;
– 25 points pour le niveau maîtrise fragile ;
– 40 points pour le niveau maîtrise satisfaisante ;
– 50 points pour le niveau très bonne maîtrise.

- Peuvent s'y ajouter les points obtenus pour un enseignement de complément que vous avez suivi et si vous avez atteint (10 points) ou dépassé (20 points) les objectifs d'apprentissage du cycle. L'enseignement de complément est au choix : latin ou grec ou langue et culture régionale ou langue des signes française ou découverte professionnelle.

- Le **total maximum de points est de 400 points** (50 points × 8 composantes = 400), **plus l'éventuel bonus de l'enseignement de complément**.

3 | L'examen terminal

- L'examen terminal en fin de classe de 3e comporte cinq épreuves obligatoires.
- Une **épreuve écrite** qui porte sur le programme de **français**.
- Une **épreuve écrite** qui porte sur le programme de **mathématiques**.
- Une **épreuve écrite** qui porte sur le programme d'**histoire, géographie et enseignement moral et civique**.
- Une **épreuve écrite** qui porte sur le programme de **physique-chimie, sciences de la vie et de la Terre et technologie**.
- Une **épreuve orale** de 15 minutes qui portera sur des travaux issus des enseignements interdisciplinaires ou du stage en entreprise.

4 | Admission et mentions

- Pour être **déclaré admis** au diplôme national du brevet, vous devez obtenir un **minimum de 400 points** sur le total de 800.

- Des mentions sont attribuées selon le barème suivant :
– mention assez bien, si vous cumulez plus de 480 points ;
– mention bien, si vous cumulez plus de 560 points ;
– mention très bien, si vous cumulez plus de 640 points.

L'épreuve écrite de mathématiques

- Durée de l'épreuve : 2 heures
- Nature de l'épreuve : écrite

1 Objectifs de l'épreuve

• Pour tous les candidats, l'épreuve évalue principalement les compétences attendues en fin de cycle 4 pour le domaine 1 « Les langages pour penser et communiquer », notamment pour sa composante « Comprendre, s'exprimer en utilisant les langages mathématiques, scientifiques et informatiques », et pour le domaine 4 « Les systèmes naturels et les systèmes techniques » du socle commun de connaissances, de compétences et de culture. Les acquis à évaluer se réfèrent au niveau de compétence attendu en fin de cycle 4, soit au moins le niveau 3 de l'échelle de référence prévue à l'article D. 122-3 du code de l'éducation.
• Pour les candidats de la série professionnelle, des sujets distincts sont élaborés en adéquation avec les spécificités des classes de troisième préparatoires à l'enseignement professionnel, des classes des sections d'enseignement général et professionnel adapté et des classes de troisième de l'enseignement agricole.

2 Structure de l'épreuve

• L'épreuve dure **deux heures** et porte sur le programme de **mathématiques**. Elle permet l'évaluation de la maîtrise des compétences « chercher », « modéliser », « représenter », « raisonner », « calculer » et « communiquer », telles que définies dans le programme de mathématiques du cycle 4.

3 Modalités de l'épreuve

• Le sujet est constitué d'exercices qui doivent pouvoir être traités par le candidat indépendamment les uns des autres. Une **thématique commune**, précisée sur le sujet, concerne tout ou une partie de ces exercices. Il est indiqué au candidat qu'il peut les traiter dans l'ordre qui lui convient.

- Certains exercices exigent de la part du candidat une prise d'initiative.
- Les exercices peuvent prendre appui sur des situations issues de la vie courante ou d'autres disciplines. Ils peuvent adopter toutes les modalités possibles, y compris la forme de questionnaires à choix multiple.
- L'évaluation doit prendre en compte la clarté et la précision des raisonnements ainsi que, plus largement, la qualité de la rédaction scientifique. Les solutions exactes, même justifiées de manière incomplète, comme la mise en œuvre d'idées pertinentes, même maladroitement formulées, seront valorisées lors de la correction. Doivent aussi être pris en compte les essais et les démarches engagées, même non aboutis. Les candidats en sont informés par l'énoncé.
- Les candidats rédigent chacune des parties ou sous-parties de l'épreuve sur une copie distincte par discipline; chaque copie est relevée à la fin du temps imparti à chaque partie de l'épreuve.

4 Évaluation de l'épreuve

- **L'épreuve est notée sur 100 points.**
- Les points attribués à chaque exercice sont indiqués dans le sujet.

Conseils pour se préparer à l'épreuve

1 L'esprit de l'épreuve

• L'esprit de l'épreuve de mathématiques favorise la **réflexion** et la capacité à **faire le tri** dans les informations fournies. L'épreuve ne demandera ni calculs difficiles ni de reproduire des techniques complexes.

• Elle nécessite en revanche de savoir s'adapter à des exercices différents, pour la plupart issus de situations concrètes. La difficulté sera de ne pas se laisser distraire par des informations inutiles et de trouver le ou les chapitres du programme à utiliser afin de répondre aux questions.

• L'épreuve de mathématiques est composée de **6 à 8 exercices indépendants**, dont 1 ou 2 qui seront des exercices de recherche. Ils sont facilement identifiables, car il est écrit à la fin de l'énoncé : « toute trace de recherche, même incomplète, sera prise en compte ». Les fiches 47 à 51 vous donneront des méthodes afin de vous aider à faire ces exercices.

2 Comment se préparer à l'épreuve pendant l'année

La clé du succès est de **travailler régulièrement pour mémoriser les notions de façon durable**. Il faudra centrer votre travail sur **trois axes**.

A Le premier axe : travailler les exercices d'application

• Il faut commencer par **travailler les exercices d'application** de chaque chapitre vu en classe. Ils correspondent aux exercices de chacune des fiches de cet ouvrage.

• Pour vous aider à mémoriser ces techniques, il est utile de faire de **courtes fiches** (une dizaine de lignes maximum par chapitre). Ne faites pas de résumés de cours, vous les avez déjà dans cet ouvrage, mais notez, en complément, les **éléments vous permettant de retrouver les notions du chapitre**.

• Par exemple, sur le chapitre sur le théorème de Pythagore, au lieu de reproduire des exercices, vous pouvez simplement écrire : « On additionne si on calcule l'hypoténuse, on soustrait sinon. ». Trouvez ce qui vous aide le plus : un exemple simple, une petite phrase, un schéma...

B Le deuxième axe : identifier vos difficultés pour y remédier

• **Repérez dans la marge** de votre cahier les notions ou les techniques qui vous posent problème et retravaillez ces points à la maison en vous aidant de cet ouvrage. N'hésitez pas non plus à interroger votre professeur

• Si les difficultés persistent, **notez un exemple** dans vos fiches et **mémorisez-le**. Par exemple, si vous faites l'erreur : $-3-2=+5$, notez l'exemple correct ($-3-2=-5$) ou bien écrivez : « Utiliser la même règle des signes que pour les multiplications ». À vous de trouver ce qui vous parlera le mieux : il faut que cette difficulté apparaisse dans vos fiches pour vous aider à la dépasser.

■ Le troisième axe : apprendre à faire des exercices de recherche

• Les exercices de recherche sont de deux types : soit ils font appel à **beaucoup de données** et il faut alors savoir en faire le tri pour déterminer la notion à utiliser (voir fiches 47 et 49), soit ils s'appuient sur une **recherche** (voir fiche 48).

• Vous n'aurez pas directement l'idée de la réponse à ces exercices, c'est normal ! Il faut chercher, pas simplement appliquer le cours. Ne vous bloquez pas en vous disant : « On ne l'a pas fait en classe. » Bien sûr que vous ne l'avez pas fait, sinon ce ne serait pas un exercice de recherche, mais **la solution fait appel à des notions et des techniques que vous avez étudiées**.

• Il faut oser tenter des choses, écrire même si vous n'êtes pas sûr de vous. Entraînez-vous à ce type de travail dés le début d'année, car vous n'êtes pas encore habitué à chercher. **Considérez l'énoncé comme une source d'information**, pas comme une contrainte. **Lisez-le en entier** avant de commencer, les questions peuvent contenir des indices. **Repérez dans l'énoncé les données qui permettent d'identifier la notion à utiliser** : par exemple, si on donne des parallèles, pensez à Thalès...

• Travaillez avec un brouillon, tentez des calculs, faites des schémas...

3 Comment réviser

• Vous devez commencer vos révisions **deux mois avant le début des épreuves**.

• Le but est de valider les étapes vues ci-dessus et de vérifier que les difficultés rencontrées dans l'année sont dépassées. Pour cela, relevez sur vos fiches les difficultés que vous avez notées et refaites des exercices pour vous assurer que tout est compris.

• Au début, si nécessaire, utilisez les fiches, puis, un peu plus tard, reprenez les exercices sans les fiches.

• **Deux semaines avant l'épreuve**, faites au moins **deux sujets complets de Brevet**, dans les conditions réelles de l'examen : travaillez pendant deux heures un sujet complet sans vous arrêter ni regarder vos fiches.

• **Quelques jours avant l'épreuve**, vérifiez votre matériel (pile de calculatrice, rapporteur, compas...) et préparez votre document d'identité.

4 Le jour de l'épreuve

• Lisez l'ensemble du sujet et commencez par les exercices qui vous semblent les plus faciles. Tous les exercices sont indépendants, vous pouvez les faire dans l'ordre que vous voulez.

• Si vous ne savez pas répondre à une question dans un exercice, passez-la en laissant un espace sur la copie. Vous avez le droit d'utiliser ce qui a été donné dans cette question dans la suite de l'exercice, même si vous ne l'avez pas traitée.

• Présentez correctement votre copie en veillant à écrire lisiblement. Encadrez vos résultats et pensez à écrire les unités des grandeurs calculées.

Diviseurs, multiples, simplification de fractions

Fiche 1

Nombres et calculs

1 Vocabulaire

Si on a l'égalité suivante : $a = b \times c$ avec a, b et c qui sont des nombres entiers, alors on dit que :

- a est un **multiple** de b et de c ;
- b et c sont des **diviseurs** de a ;
- a est **divisible** par b et par c.

A Nombre premier

Un nombre entier est dit **premier** si ses seuls diviseurs sont 1 et lui-même.

ex. : 5 est un nombre premier, il n'est divisible que par 1 et 5.
21 n'est pas un nombre premier, car il est multiple de 3.

B Critères de divisibilité

Un **nombre entier est divisible** par :

- **2** si son chiffre des unités est 0, 2, 4, 6 ou 8 (nombres pairs) ;
- **3** si la somme des chiffres qui composent le nombre est divisible par 3 ;
- **5** si son chiffre des unités est 0 ou 5.

ex. : 643 n'est pas divisible par 3, car $6 + 4 + 3 = 13$ qui n'est pas divisible par 3.

2 Applications

A Décomposition en facteurs premiers

Décomposer un nombre en facteurs premiers, c'est l'écrire sous la forme d'un produit de nombres premiers. Pour décomposer un nombre en facteurs premiers, on utilise les critères de divisibilité par 2, puis par 5 (qui sont les plus simples) et enfin par 3.

ex. : 24 se termine par 4, il est donc divisible par 2. $24 \div 2 = 12$.
12 est aussi divisible par 2 ; de même $6 \div 2 = 3$.
On obtient : $24 = 2 \times 2 \times 2 \times 3$ qui est la décomposition de 24 en facteurs premiers.

B Simplifier le dénominateur d'une fraction

On ne change pas la valeur d'une fraction en **multipliant** ou en **divisant** son numérateur et son dénominateur par un même nombre.

- Simplifier par **divisions**, en utilisant les critères de divisibilité.

ex. : $\frac{12}{18}=\frac{12\div 2}{18\div 2}=\frac{6}{9}=\frac{6\div 3}{9\div 3}=\frac{2}{3}$. La fraction est simplifiée au maximum, elle est **irréductible.**

- Simplifier par **décomposition en facteurs premiers.**

ex. : $\frac{12}{18}=\frac{2\times 2\times 3}{2\times 3\times 3}=\frac{\textcircled{2}\times 2\times \textcircled{3}}{\textcircled{2}\times 3\times \textcircled{3}}=\frac{2}{3}$. On a enlevé les facteurs communs au numérateur et au dénominateur.

Exercices types corrigés

EXERCICE 1 Vrai ou faux ?

1. 4 est un multiple de 20.
2. 15 est un multiple de 3.
3. 30 divise 5.
4. 18 est divisible par 3.

1. Faux, 20 est un multiple de 4.
2. Vrai.
3. Faux, 5 divise 30.
4. Vrai.

EXERCICE 2 Les nombres 43 et 75 sont-ils premiers ?

On divise 43 par les nombres premiers : 2, 3, 5, 7... On cherche un quotient entier.

$43 \div 2 = 21{,}5$; $43 \div 3 \approx 14{,}3$; $43 \div 5 = 8{,}6$; $43 \div 7 \approx 6{,}1$.

Le quotient est plus petit que le diviseur, on s'arrête. Le quotient doit être entier. Plus on divise par un grand nombre, plus le quotient diminue, et on a déjà divisé par les nombres premiers plus petits que 7 sans succès. **43 est donc un nombre premier.**

75 est divisible par 5, car son chiffre des unités est 5. **75 n'est pas un nombre premier.**

EXERCICE 3 Décomposer 135 en facteurs premiers.

On commence par le critère le plus évident, ici 5, $135 \div 5 = 27$, puis, 27 étant divisible par 3, on a $27 \div 3 = 9$; $9 \div 3 = 3$.

Ainsi $\mathbf{135 = 3 \times 3 \times 3 \times 5}$.

EXERCICE 4 Rendre irréductible les fractions : $\frac{42}{48}$ et $\frac{32}{48}$.

Par divisions : $\frac{42}{48}=\frac{42\div 2}{48\div 2}=\frac{21}{24}=\frac{21\div 3}{24\div 3}=\frac{7}{8}$.

Par décomposition : $\frac{32}{48}=\frac{\textcircled{2}\times\textcircled{2}\times\textcircled{2}\times\textcircled{2}\times 2}{\textcircled{2}\times\textcircled{2}\times\textcircled{2}\times\textcircled{2}\times 3}=\frac{2}{3}$.

Utiliser la division

1 Définition

Soient *a* et *b* deux entiers, avec *b* différent de zéro.
Effectuer la **division euclidienne** de *a* par b, c'est déterminer les deux entiers q et r tels que : $a = b \times q + r$ et $0 \leqslant r < b$.
L'entier *a* est appelé le **dividende** de cette division, *b* le **diviseur**, *q* le **quotient**, *r* le **reste**. (On l'appelle aussi division entière.)
Quand le reste est égal à zéro, le nombre *a* est un multiple de *b*.

ex. : On peut la poser ainsi :

$$\begin{array}{r|l} 41 & 7 \\ \hline 6 & 5 \end{array}$$

On a donc : $41 = 5 \times 7 + 6$

On a ici écrit la division euclidienne de 41 par 7.
On a bien $5 \times 7 + 6 = 41$ et le reste 6 est plus petit que le diviseur 7. Autrement dit, si on partage 41 en 7, chacun aura 5 et il restera 6.

Comme 6 est plus grand que 5, l'égalité ne représente pas la division euclidienne de 41 par 5. Le reste est plus grand que 5 donc on peut encore partager une fois et on obtient alors :
$41 = 8 \times 5 + 1$ qui est bien la division euclidienne de 41 par 5.
Si on partage 41 en 5, chacun aura 8 et il restera 1.

2 Méthode

Pour trouver la division euclidienne d'un nombre, *a*, on peut, grâce à la calculatrice, trouver le quotient puis soustraire au nombre, *a*, le produit du dividende et du quotient afin d'obtenir le reste.

ex. : Effectuer la division euclidienne de 231 par 12.
Pour obtenir le quotient on peut donc utiliser la calculatrice, effectuer $231 \div 12 = 19{,}25$. Le quotient est donc 19. Il suffit après d'effectuer $231 - 12 \times 19 = 231 - 228 = 3$ qui est le reste.
Ainsi, on obtient : $231 = 19 \times 12 + 3$.

Exercices types corrigés

EXERCICE 1 Vrai ou faux ?

1. Le reste de la division euclidienne de 37 par 5 est 3.
2. Le quotient de la division euclidienne de 147 par 13 est 11.
3. $29 = 6 \times 4 + 5$ est la division euclidienne de 29 par 4.
4. $29 = 6 \times 4 + 5$ est la division euclidienne de 29 par 6.

1. **Faux,** $37 = 7 \times 5 + 2$ donc le reste est 2.
2. **Vrai.** (Pour obtenir le quotient, on peut utiliser la calculatrice, effectuer $147 \div 13 \approx 11{,}3$ donc le quotient est 11.)
3. **Faux,** le reste 5 est plus grand que 4.
4. **Vrai.**

EXERCICE 2 Deux ampoules clignotent. L'une s'allume toutes les 45 secondes et l'autre toutes les 33 secondes. À 10 h, elles s'allument ensemble.
Déterminer l'heure à laquelle elles s'allumeront de nouveau ensemble.

On doit donc trouver un nombre qui est un multiple de 45 et 33. 45×33 fonctionne, mais on en cherche un plus petit, pour cela, on décompose en facteurs premiers 45 et 33. $45 = 3 \times 3 \times 5$
$33 = 3 \times 11$, donc $495 = 3 \times 3 \times 5 \times 11$ est le multiple recherché.
Il s'est donc écoulé 495 secondes pour que les ampoules s'allument de nouveau ensemble. Il faut alors déterminer l'heure. Pour cela, comme il y a 60 secondes dans une minute, on effectue la division euclidienne de 495 par 60.
$495 = 8 \times 60 + 15$ (donc 8 minutes et 15 secondes).
Les deux ampoules s'allumeront de nouveau ensemble à 10 h 8 min 15 s.

EXERCICE 3 Quels sont les entiers inférieurs à 300 dont le reste est 13 dans la division euclidienne par 27 ?

Il suffit de commencer par 13, puis $1 \times 27 + 13$, puis $2 \times 27 + 13$...
Pour savoir jusqu'où aller, on effectue la division euclidienne de 300 par 27. $300 = 11 \times 27 + 3$
On peut donc en conclure que le dernier nombre recherché sera $10 \times 27 + 13 = 283$.
La liste est : **13, 40, 67, 94, 121, 148, 175, 202, 229, 256 et 283.**

EXERCICE 4 Une classe de moins de 35 élèves se partage équitablement 145 bonbons et il en reste 15. Une semaine après les élèves se partagent 200 bonbons et il en reste 18.
Combien y a-t-il d'élèves dans cette classe ?

Quand on a que le reste, il faut le soustraire au dividende car on obtient ainsi un multiple du nombre par lequel on divise. (Exemple : $27 = 4 \times 6 + 3$ et donc $27 - 3 = 24$ est un multiple de 4). Donc, ici, le nombre d'élèves est un diviseur de $145 - 15 = 130$. On décompose alors 130 en produit de facteurs premiers.
$130 = 2 \times 5 \times 13$.
De même $200 - 18 = 182$. $182 = 2 \times 7 \times 13$.
Le nombre d'élèves peut donc être 2, 13 ou 26 (2×13). Mais les restes sont 15 et 18 donc le nombre d'élèves est plus grand que 2 et 13.
Il y a donc 26 élèves dans cette classe.

Calculs sur les nombres relatifs

Fiche 3

Nombres et calculs

1 Addition et soustraction

A Règle des signes

Quand deux signes se suivent, on applique la règle suivante pour enlever les parenthèses :

– – est remplacé par + ; + + est remplacé par + ;
+ – est remplacé par – ; – + est remplacé par –.

ex. : – (– 3) = + 3 ; + (– 7) = – 7 ; – (+ 12) = – 12.

B Méthode

Pour effectuer les additions et soustractions, on va d'abord enlever les parenthèses en suivant la règle des signes, puis on calcule selon deux cas.

• **Mêmes signes** : on garde le signe commun et on additionne les parties numériques.

ex. : (– 5) + (– 12) = – 5 – 12 = – 17 ;
– (– 7) + (+ 9) = + 7 + 9 = + 16.

• **Signes contraires** : on garde le signe du nombre ayant la plus grande partie numérique et on soustrait les parties numériques.

ex. : (– 8) – (– 5) = – 8 + 5 = – 3 ; – (– 13) – (+ 4) = + 13 – 4 = + 9.

Remarque : (+ 5) = 5, on peut enlever le signe + s'il est au début du calcul.

2 Multiplication et division

• La partie numérique est obtenue en effectuant l'opération sur les parties numériques, sans tenir compte du signe.

• Le signe du résultat est obtenu par la **règle des signes.**

ex. : (+ 5) × (– 4)= – 20 car – + est remplacé par – et 5 × 4 = 20.
(– 8) × (– 3) = 24 car – – est remplacé par + et 8 × 3 = 24.
(– 9) ÷ 6 = – 1,5 car – + est remplacé par – et 9 ÷ 6 = 1,5.

3 Enchaînement d'opérations

Il faut respecter l'ordre suivant :

- effectuer les calculs entre parenthèses,
- effectuer les multiplications et les divisions de la gauche vers la droite,
- effectuer les additions et soustractions de la gauche vers la droite.

ex. : $-4+\boxed{5\times(-2)}=-4\boxed{+(-10)}=-4-10=-14.$

$3-(\boxed{2\times(-3)}-\boxed{16\div(-4)})=3-(-6\boxed{-(-}4))$

$=3-(-6+4)$

$=3\boxed{-(-}2)=3+2=5.$

Encadrer le calcul à effectuer permet de savoir exactement ce qu'on a pris en compte et de bien respecter les priorités.

Exercices types corrigés

EXERCICE 1 *Additions et soustractions*

Effectuer les calculs suivants : $A=+9-(-4)+(-2)$; $B=-3-5+2$.

Effectuer les calculs de gauche à droite.

A $=+9\boxed{-(-}4)\boxed{+(-}2)=\boxed{9+4}-2=13-2=\mathbf{11}.$

B $=\boxed{-3-5}+2=-8+2=\mathbf{-6}.$

EXERCICE 2 *Multiplications et divisions*

Effectuer les calculs suivants :

$A=(-2)\times6\div3$; $B=-8\div(-2)\times5$; $C=-3\times(-2)\times(-7)$.

A $=\boxed{(-2)\times6}\div3=-12\div3=\mathbf{-4}.$ Effectuer les calculs de gauche à droite.

B $=\boxed{-8\div(-2)}\times5=4\times5=\mathbf{20}.$

C $=\boxed{-3\times(-2)}\times(-7)=6\times(-7)=\mathbf{-42}.$

EXERCICE 3 *Enchaînements d'opérations*

Effectuer les calculs suivants :

$A=-3\times2-5\times3$; $B=-18\div3-5-(-4)\times(-3)$;

$C=(3-5\times(-2)-1)+15\div(-2-3)$.

A $=\boxed{-3\times2}-\boxed{5\times3}=-6-15=\mathbf{-21}.$

B $=\boxed{-18\div3}-5-\boxed{(-4)\times(-3)}=-6-5\boxed{-(+}12)=\boxed{-6-5}-12$

$=-11-12=\mathbf{-23}.$

C $=(3-\boxed{5\times(-2)}-1)+15\div\boxed{(-2-3})$

$=(3\boxed{-(-}10)-1)+\boxed{15\div(-5)}$

$=(\boxed{3+10}-1)+(-3)=\boxed{(13-1)}-3=12-3=\mathbf{9}.$

Différentes représentations des nombres

1 Nombres rationnels

• Un nombre rationnel s'écrit sous la forme $\frac{a}{b}$ avec a et b qui sont des nombres entiers relatifs. b doit être différent de zéro. Ce sont les **fractions**.

ex. : La barre de fraction représente une division, on a donc : $\frac{3}{2} = 3 \div 2 = 1{,}5$.

• Les fractions étant des divisions, on peut utiliser la règle des signes s'il y a plusieurs signes sur une fraction : $\frac{-7}{-5} = \frac{7}{5}$ car – – est remplacé par +. De même, on aura : $\frac{4}{(-3)} = \frac{-4}{3} = -\frac{4}{3}$.

• Il faut placer dès que possible le signe moins au numérateur pendant les calculs, et devant la fraction à la fin.

2 Comparer des nombres rationnels

• **Pour comparer deux fractions**, il suffit qu'elles aient le même dénominateur. Les fractions sont alors dans le même ordre que leurs numérateurs.

• **Pour que les fractions aient le même dénominateur**, on multiplie les dénominateurs entre eux. On fait la même opération sur les numérateurs pour garder la même valeur à chaque fraction :

ex. : $\frac{2}{7}$ et $\frac{3}{8}$. $\frac{2}{7} = \frac{2 \times 8}{7 \times 8} = \frac{16}{56}$ et $\frac{3}{8} = \frac{3 \times 7}{8 \times 7} = \frac{21}{56}$, donc $\frac{2}{7} < \frac{3}{8}$.

• Une fraction est **inférieure à 1** si son numérateur est inférieur à son dénominateur. Une fraction est **supérieure à 1**, si son numérateur est supérieur à son dénominateur.

ex. : $\frac{3}{5} < 1$ car $3 < 5$; $\frac{17}{16} > 1$ car $17 > 16$.

3 Racine carrée

• La racine carrée d'un nombre positif, a, est le nombre positif, noté $\sqrt{a}$, qui, élevé au carré, donne a. Autrement dit : $\sqrt{a}^2 = a$.

ex. : $\sqrt{9} = 3$ car $3^2 = 9$. *C'est l'inverse du carré.*

• Il faut connaître par cœur les douze premiers carrés et les racines carrées correspondantes.
$\sqrt{1}=1$; $\sqrt{4}=2$; $\sqrt{9}=3$; $\sqrt{16}=4$; $\sqrt{25}=5$; $\sqrt{36}=6$; $\sqrt{49}=7$; $\sqrt{64}=8$; $\sqrt{81}=9$; $\sqrt{100}=10$; $\sqrt{121}=11$; $\sqrt{144}=12$.

Exercices types corrigés

EXERCICE 1 Écrire sous la forme fractionnaire les nombres suivants : 1,2 ; 24,5 ; 0,4.

$\mathbf{1{,}2}=\frac{12}{10}=\frac{12\div 2}{10\div 2}=\mathbf{\frac{6}{5}}$. $\mathbf{24{,}5}=\frac{245}{10}=\frac{245\div 5}{10\div 5}=\mathbf{\frac{49}{2}}$.

$\mathbf{0{,}4}=\frac{4}{10}=\frac{4\div 2}{10\div 2}=\mathbf{\frac{2}{5}}$.

EXERCICE 2 Ranger dans l'ordre croissant les fractions suivantes :
$\mathbf{\frac{3}{5}}$; $\mathbf{\frac{2}{7}}$; $\mathbf{\frac{6}{5}}$; **1** ; $\mathbf{\frac{3}{4}}$; $\mathbf{\frac{1}{2}}$.

On voit tout d'abord que $\frac{6}{5}$ est la seule fraction supérieure à 1.

On multiplie le dénominateur des autres fractions pour qu'elles aient toutes le même dénominateur : $\frac{3}{5}=\frac{3\times 7\times 4}{5\times 7\times 4}=\frac{84}{140}$;

$\frac{2}{7}=\frac{2\times 5\times 4}{7\times 5\times 4}=\frac{40}{140}$; $\frac{3}{4}=\frac{3\times 7\times 5}{4\times 7\times 5}=\frac{105}{140}$; $\frac{1}{2}=\frac{1\times 7\times 5\times 2}{2\times 7\times 5\times 2}=\frac{70}{140}$.

Le classement dans l'ordre croissant est $\mathbf{\frac{2}{7}<\frac{1}{2}<\frac{3}{5}<\frac{3}{4}<1<\frac{6}{5}}$.

EXERCICE 3 Encadrer $\frac{17}{5}$ par deux entiers consécutifs.

On utilise la division euclidienne :

$17 = 3 \times 5 + 2$, donc $\frac{17}{5}=\frac{3\times 5+2}{5}=3+\frac{2}{5}$. **Ainsi** $\mathbf{3<\frac{17}{5}<4}$.

EXERCICE 4 Encadrer $\sqrt{20}$ au dixième près.

Il faut tout d'abord encadrer 20 par deux carrés parfaits consécutifs. On trouve $16 < 20 < 25$, donc $4 < \sqrt{20} < 5$. On calcule alors les carrés de 4,1 ; 4,2... pour trouver un carré plus petit que 20 et le suivant, plus grand que 20.
$4{,}4^2 = 19{,}36$ et $4{,}5^2 = 20{,}25$ donc $\mathbf{4{,}4 < \sqrt{20} < 4{,}5}$ est un encadrement au dixième près de $\sqrt{20}$.

Calculer avec les fractions

Fiche 5

Nombres et calculs

1 Addition et soustraction

• **Pour additionner ou soustraire deux fractions**, il faut les réduire au même dénominateur.
• **Pour réduire au même dénominateur**, il suffit de multiplier les dénominateurs entre eux et de faire aussi l'opération sur les numérateurs.

ex. : $A = \frac{5}{2} + \frac{4}{3}$ $\quad A = \frac{5}{2} + \frac{4}{3} = \frac{5 \times 3}{2 \times 3} + \frac{4 \times 2}{3 \times 2} = \frac{15 + 8}{6} = \frac{23}{6}$.

2 Multiplication et division

• Pour **multiplier** deux fractions, on multiplie les numérateurs entre eux et les dénominateurs entre eux.

ex. : $A = \frac{-6}{7} \times \left(-\frac{5}{4}\right)$.

On met le signe au numérateur pendant le calcul.

$$A = \frac{-6}{7} \times \left(-\frac{5}{4}\right) = \frac{-6 \times (-5)}{7 \times 4} = \frac{30}{28} = \frac{30 \div 2}{28 \div 2} = \frac{15}{14}.$$

• **Pour diviser par** $\frac{a}{b}$, on multiplie par l'inverse, c'est-à-dire $\frac{b}{a}$.

ex. : $A = \frac{3}{5} \div \left(-\frac{3}{4}\right)$.

On garde le signe au numérateur en inversant.

$$A = \frac{3}{5} \div \left(-\frac{3}{4}\right) = \frac{3}{5} \times \left(\frac{-4}{3}\right) = \frac{3 \times (-4)}{5 \times 3} = \frac{-12}{15} = \frac{-12 \div 3}{15 \div 3} = -\frac{4}{5}.$$

3 Enchaînements d'opérations

On respecte l'ordre suivant :

- effectuer les calculs entre parenthèses,
- effectuer les multiplications et les divisions de la gauche vers la droite,
- effectuer les additions et soustractions de la gauche vers la droite.

ex. : $A = \frac{2}{3} - \frac{4}{5} \times \left(\frac{1}{2} - \frac{1}{3}\right)$.

$$A = \frac{2}{3} - \frac{4}{5} \times \left(\frac{1}{2} - \frac{1}{3}\right) = \frac{2}{3} - \frac{4}{5} \times \left(\frac{1 \times 3}{2 \times 3} - \frac{1 \times 2}{3 \times 2}\right)$$

$$A=\frac{2}{3}-\frac{4}{5}\times\left(\frac{3-2}{6}\right)=\frac{2}{3}-\boxed{\frac{4}{5}\times\left(\frac{1}{6}\right)}=\frac{2}{3}-\frac{4}{30}$$

$$A=\frac{2\times10}{3\times10}-\frac{4}{30}=\frac{20}{30}-\frac{4}{30}=\frac{16}{30}=\frac{16\div2}{30\div2}=\frac{8}{15}.$$

$3\times10=30$, donc on n'est pas obligé de multiplier les deux fractions.

Exercices types corrigés

EXERCICE 1 Calculer :

$$A=-\frac{7}{2}-\frac{-5}{8}\ ;\quad B=\frac{6}{5}-\frac{3}{2}\times\frac{-4}{7}\ ;\quad C=\frac{-4}{3}-\left(\frac{2}{5}\div\frac{-3}{4}-\frac{2}{3}\right).$$

$$A=-\frac{7}{2}-\frac{-5}{8}=\frac{-7\times4}{2\times4}-\frac{-5}{8}=\frac{-28}{8}-\frac{-5}{8}=-\frac{23}{8}.$$

$2\times4=8$ donc on peut ne changer que cette fraction.

$$B=\frac{6}{5}-\frac{3}{2}\times\frac{-4}{7}=\frac{6}{5}-\frac{3\times(-4)}{2\times7}=\frac{6}{5}-\frac{-12}{14}=\frac{6\times14}{5\times14}-\frac{-12\times5}{14\times5}$$

$$=\frac{84-(-60)}{70}=\frac{84+60}{70}=\frac{144}{70}=\frac{72}{35}.$$

$$C=\frac{-4}{3}-\left(\frac{2}{5}\div\frac{-3}{4}-\frac{2}{3}\right)=\frac{-4}{3}-\left(\frac{2}{5}\times\frac{-4}{3}-\frac{2}{3}\right)=\frac{-4}{3}-\left(\frac{-8}{15}-\frac{2}{3}\right)$$

$$=\frac{-4}{3}-\left(\frac{-8}{15}-\frac{2\times5}{3\times5}\right)=\frac{-4}{3}-\left(\frac{-8-10}{15}\right)=\frac{-4}{3}-\left(\frac{-18}{15}\right)$$

$$=\frac{-4\times5}{3\times5}-\left(\frac{-18}{15}\right)=\frac{-20-(-18)}{15}=\frac{-20+18}{15}=-\frac{2}{15}.$$

EXERCICE 2 Calculer l'aire du triangle :

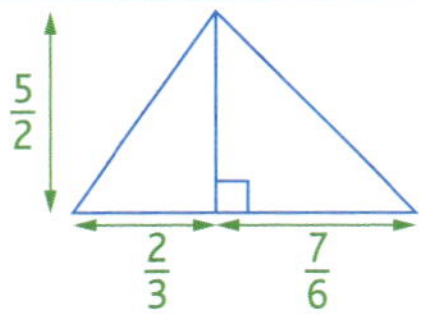

L'aire du triangle est $\frac{b\times h}{2}$ donc :

$$\text{Aire}=\left(\frac{2}{3}+\frac{7}{6}\right)\times\frac{5}{2}\div2=\left(\frac{2\times2}{3\times2}+\frac{7}{6}\right)\times\frac{5}{2}\times\frac{1}{2}$$

$$=\left(\frac{4+7}{6}\right)\times\frac{5}{2}\times\frac{1}{2}=\frac{11}{6}\times\frac{5}{2}\times\frac{1}{2}=\frac{55}{24}.$$

L'inverse de 2 ou $\frac{2}{1}$ est $\frac{1}{2}$.

Puissances d'un nombre, puissances de 10

Fiche 6

Nombres et calculs

1 Puissances d'un nombre

Pour calculer a^n, c'est-à-dire le nombre *a* à la puissance *n*, on multiplie *a* par lui-même *n* fois.

$\boldsymbol{a^n = a \times a \times a \ldots \times a}$ avec *n* facteurs *a* (*n* est un entier relatif).

ex. : $(-3)^4 = (-3)\times(-3)\times(-3)\times(-3) = 81$;
$-3^4 = -3\times3\times3\times3 = -81$

L'exposant ne s'applique qu'au nombre et pas au signe, sauf si celui-ci est à l'intérieur des parenthèses.

2 Propriétés

- $a^n \times a^m = a^{n+m}$ — *ex.* : $2^2 \times 2^3 = (2\times2)\times(2\times2\times2) = 2^{2+3} = 2^5$.
- $\dfrac{a^n}{a^m} = a^{n-m}$ et $a^{-n} = \dfrac{1}{a^n}$
- $a^0 = 1$
- $(a^n)^m = a^{n\times m}$

ex. : $\dfrac{7^3}{7^5} = \dfrac{7\times7\times7\times1}{7\times7\times7\times7\times7} = \dfrac{1}{7^2} = 7^{3-5} = 7^{-2}$.

$(2^3)^2 = (2\times2\times2)\times(2\times2\times2) = 2^{3+3} = 2^{3\times2} = 2^6$.

3 Puissances de 10

$\boldsymbol{10^n = 10000\ldots00}$. Il y a *n* zéros.

$\boldsymbol{10^{-n} = 0{,}000\ldots001}$. Il y a *n* chiffres après la virgule.

ex. : $10^5 = 100\,000$;
$10^{-3} = 0{,}001$.

- Passer de l'écriture avec exposant à l'écriture décimale.

ex. : $120\times10^3 = 120\times1\,000 = 120\,000$.
$451\times10^{-5} = 0{,}00451$ car il faut 5 chiffres après la virgule.

- L'**écriture scientifique** d'un nombre est donnée par l'expression : $\boldsymbol{a\times10^n}$ **où** $\boldsymbol{1 \leqslant a < 10}$ **et** ***n*** **est un entier relatif.**

ex. : $0{,}41\times10^3$ n'est pas une écriture scientifique car 0 ne peut pas être le premier chiffre. L'écriture scientifique est ici $4{,}1\times10^2$. Le nombre *a* n'a qu'un chiffre (différent de zéro) avant la virgule.

- Passer de l'écriture décimale à l'écriture scientifique.

ex. : $175\,000\,000 = 1{,}75\times10^8$. *Comme on a 175 000 000, le nombre a est donc 1,75. On compte alors le nombre de fois où on a décalé la virgule pour obtenir a : ici 8 fois vers la gauche.*

L'exposant est + 8. (Penser que si le nombre de départ est « grand », l'exposant est positif.)

$0{,}000059 = 5{,}9 \times 10^{-5}$. *Le nombre a est 5,9. Le premier chiffre différent de zéro sera le chiffre des unités de a. On compte alors le nombre de fois où on a décalé la virgule, ici 5 fois vers la droite. L'exposant est – 5. (Penser que si le nombre de départ est proche de 0, l'exposant est négatif.)*

Exercices types corrigés

EXERCICE 1 **Exprimer sous la forme d'une puissance de 10 :**

$$A = \frac{(10^2)^4 \times 10^{-3} \times 10^5}{(10^{-2})^{-3} \times 10^4} \; ; \; B = \frac{(10^{-2})^3 \times 10^{-4} \times 10^{-1}}{(10^3)^{-3} \times 10^5}.$$

$$\mathbf{A} = \frac{(10^2)^4 \times 10^{-3} \times 10^5}{(10^{-2})^{-3} \times 10^4} = \frac{10^{2\times4} \times 10^{-3+5}}{10^{-2\times(-3)} \times 10^4} = \frac{10^{8+2}}{10^{6+4}} = 10^{10-10} = 10^0 = \mathbf{1}.$$

$$\mathbf{B} = \frac{(10^{-2})^3 \times 10^{-4} \times 10^{-1}}{(10^3)^{-3} \times 10^5} = \frac{10^{-2\times3} \times 10^{-4+(-1)}}{10^{3\times(-3)} \times 10^5}$$

$$= \frac{10^{-6+(-5)}}{10^{-9+5}} = 10^{-11-(-4)} = \mathbf{10^{-7}}.$$

EXERCICE 2

1. **Écrire en écriture décimale :** $5{,}78 \times 10^6$; $2{,}91 \times 10^{-5}$.
2. **Passer de l'écriture décimale à l'écriture scientifique :**

0,0000009345 ; 6 470 000.

1. $\mathbf{5{,}78 \times 10^6 = 5\,780\,000}$. On doit décaler 6 fois la virgule vers la droite (l'exposant est positif, le nombre de départ est donc « grand »).
Les deux premières décimales sont 7 et 8, puis on rajoute 4 zéros pour arriver à 6 décalages au total.
$\mathbf{2{,}91 \times 10^{-5} = 0{,}0000291}$. On doit décaler 5 fois la virgule vers la gauche.
2. $\mathbf{0{,}0000009345 = 9{,}345 \times 10^{-7}}$; $\mathbf{6\,470\,000 = 6{,}47 \times 10^6}$.

EXERCICE 3 La distance entre la Terre et la Lune est approximativement 385 000 km.
La distance entre la Terre et le Soleil est 388 fois plus grande.
Calculer la distance entre la Terre et le Soleil, puis en donner l'écriture scientifique.

385 000 × 388 = 149 380 000. **La distance entre le Soleil et la Terre est 149 380 000 km, soit $1{,}4938 \times 10^8$ km.**

Résoudre une équation

Fiche 7

Nombres et calculs

1 Définition

- Une équation est une égalité dans laquelle il y a une inconnue.
- Résoudre une équation, c'est trouver la solution qui vérifie l'égalité.

ex. : Dans l'équation $3c + 7 = 5c + 3$, la solution est 2, car si on remplace c par 2, on obtient $3 \times 2 + 7 = 13$ et $5 \times 2 + 3 = 13$.
Les deux côtés de l'égalité sont égaux, 2 est la solution de l'équation.

2 Propriétés

- On ne change pas une équation en faisant la même opération de chaque côté.

- **Si $x + a = b$, alors $x = b - a$.**

ex. fondamental : $x + 2 = 5$

$x + 2 - 2 = 5 - 2$ — *On soustrait 2 de chaque côté pour éliminer le + 2 et obtenir x.*

$x = 3$

- **Si $x - a = b$, alors $x = b + a$.**

ex. fondamental : $x - 2 = 5$

$x - 2 + 2 = 5 + 2$ — *On ajoute 2 de chaque côté pour éliminer le − 2 et obtenir x.*

$x = 7$

- **Si $ax = b$, alors $x = \dfrac{b}{a}$.**

ex. fondamental : $3x = 12$

$3x \div 3 = 12 \div 3$ — *On divise par 3 de chaque côté pour éliminer le 3 et obtenir x.*

$x = 4$

- **Si $\dfrac{x}{a} = b$, alors $x = b \times a$.**

ex. fondamental : $\dfrac{x}{2} = 7$

$\dfrac{x}{2} \times 2 = 7 \times 2$ — *On mulitplie par 2 de chaque côté pour éliminer la division par 2 et obtenir x.*

$x = 14$

3 | Conclusion

Pour éliminer un nombre d'un côté d'une équation, on fait l'opération inverse de l'autre côté.

ex. : Résoudre l'équation $7x - 3 = 5x - 2$.
On rassemble les éléments qu'on peut calculer ensemble (les termes avec x d'un côté et les termes sans x de l'autre). On obtient selon les étapes suivantes :
$7x = 5x - 2 + 3$, donc $7x = 5x + 1$,
puis $7x - 5x = 1$ et, ainsi, $2x = 1$, et donc $x = \frac{1}{2}$.

Exercices types corrigés

Résoudre les équations suivantes :

1. $8x + 5 = 2x - 3$

2. $-5x - 2 = 3x - 12$

3. $\frac{5}{4}x + 5 = \frac{2}{5}$

1. $8x + 5 = 2x - 3$.
En faisant les deux premières étapes simultanément, on obtient :

$8x - 2x = -3 - 5$, donc $6x = -8$ et $\boldsymbol{x} = \frac{-8}{6} = \frac{-8 \div 2}{6 \div 2} = -\mathbf{\frac{4}{3}}$.

2. $-5x - 2 = 3x - 12$.
En faisant les deux premières étapes simultanément, on obtient :

$-5x - 3x = -12 + 2$, donc $-8x = -10$ et $\boldsymbol{x} = \frac{-10}{-8} = \frac{10 \div 2}{8 \div 2} = \mathbf{\frac{5}{4}}$.

3. $\frac{5}{4}x + 5 = \frac{2}{5}$. En enlevant 5 de chaque côté, on obtient :

$\frac{5}{4}x = \frac{2}{5} - 5$

donc : $\frac{5}{4}x = \frac{2}{5} - \frac{5}{1}$

$= \frac{2}{5} - \frac{25}{5}$

$= \frac{-23}{5}$

et $\boldsymbol{x} = \frac{-23}{5} \div \frac{5}{4} = \frac{-23}{5} \times \frac{4}{5} = \mathbf{\frac{-92}{25}}$.

Effectuer des développements en utilisant le calcul littéral

1 Convention d'écriture

Pour alléger une écriture littérale, on peut enlever le signe × :
- devant une lettre ou une parenthèse ;
- entre deux lettres ;
- entre deux lettres identiques, on écrira : $a \times a = a^2$ (on lira a au carré).

Attention, ce n'est pas valable entre deux nombres : $2 \times 3 \neq 23$

ex. : Écrire en enlevant le signe × quand c'est possible :

$A = 5 \times x$ $\qquad$ $B = 3 \times (4 \times a + 5 \times 3)$

$A = 5$ $\qquad$ $B = 3(4a + 5 \times 3)$

2 Réduire et développer

A Définitions

- **Réduire** un produit, c'est additionner ou soustraire les éléments de même nature.

ex. : Réduire les expressions suivantes :

$A = 5a + 3a$; $B = x - 5x$; $C = 3x^2 + 7x$;

$D = 5x^2 + 3x - (4x^2 - 7x + 5)$.

$A = 8a$. (On fait l'opération sur les coefficients en gardant l'élément commun.)

$B = x - 5x = 1x - 5x = -4x$.

$C = 3x^2 + 7x$ Cette expression ne peut pas se réduire, les éléments sont de nature différentes. Penser qu'on ne peut pas réduire $3\text{ cm}^2 + 7\text{ cm}$, alors qu'on peut réduire $3\text{ cm} + 7\text{ cm} = 10\text{ cm}$.

$D = 5x^2 + 3x - 4x^2 + 7x - 5$.

Le signe moins s'applique à chaque terme à l'intérieur de la parenthèse. Quand on enlève la parenthèse, on change les signes des éléments qui sont dans la parenthèse quand il y a un moins devant.

On obtient $D = x^2 + 10x - 5$.

- **Développer** un produit, c'est le transformer en une somme.

B Développement simple

- Quels que soient les nombres a, b et k, on a $\mathbf{k(a + b) = ka + kb}$.

En effet, l'aire du rectangle est $k(a + b)$. Si on la décompose en deux rectangles, l'aire est donnée par $ka + kb$.

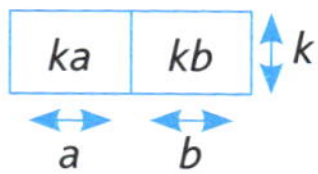

- **De la même façon, $k(a - b) = ka - kb$.**

ex. : Développer $A = 5(3a + 2)$ et $B = 2c(3c - 4)$.
$A = 5 \times 3a + 5 \times 2 = 15a + 10$;
$B = 2c \times 3c + 2c \times (-4) = 6c^2 - 8c$.

C Développement double

- Quels que soient les nombres a, b, c et d, on a :

$(a + b)(c + d) = ac + ad + bc + bd$.

- Pour faciliter les calculs, on pourra utiliser le schéma ci-contre.

	a	b
c	ac	bc
d	ad	bd

ex. : Développer $A = (4x - 5)(-2x + 2)$.
On va utiliser les deux méthodes :

$$A = 4x \times (-2x) + 4x \times 2 + (-5) \times (-2x) + (-5) \times 2$$
$$= -8x^2 + 8x + 10x + (-10)$$
$$= -8x^2 + 18x - 10$$

	$4x$	-5
$-2x$	$-8x^2$	$10x$
2	$8x$	-10

3 Identité remarquable

Quels que soient les nombres a et b, on a :

$$(a + b)(a - b) = a^2 - b^2$$

Exercices types corrigés

EXERCICE 1 Réduire les expressions suivantes :
$A = 7a^2 - 9a + 6a - 5 - 3a^2$; $B = 5 - (4 - 3x) - 2x$.

$A = (7a^2 - 3a^2) + (-9a + 6a) - 5 = 4a^2 - 3a - 5$.
$B = 5 - 4 + 3x - 2x = x + 1$.

EXERCICE 2 Développer et réduire :
$A = 3a(2a - 7)$; $B = 4(3 - 5x)$; $C = (4x - 3)(3x - 5)$.

$A = 3a \times 2a + 3a \times (-7) = 6a^2 - 21a$.
$B = 4 \times 3 - 4 \times 5x = 12 - 20x$.
$C = 4x \times 3x + 4x \times (-5) + (-3) \times 3x + (-3) \times (-5)$
$= 12x^2 - 20x - 9x + 15 = 12x^2 - 29x + 15$

	$4x$	-3
$3x$	$12x^2$	$-9x$
-5	$-20x$	15

EXERCICE 3 Calculer mentalement : $A = 201 \times 199$.

On utilise l'identité remarquable :
$A = (200 + 1)(200 - 1) = 200^2 - 1 = 40\,000 - 1 =$ **39 999.**

EXERCICE 4 Résoudre $4(2x - 3) = 3(x - 2)$.

On a $8x - 12 = 3x - 6$. D'où $8x - 3x = -6 + 12$, donc $5x = 6$ et $x = \dfrac{6}{5}$.

Effectuer des factorisations

Fiche 9

Nombres et calculs

1 Factoriser

- **Factoriser une somme**, c'est la transformer en un produit.
- Factoriser est le calcul inverse de développer.

On va donc retrouver les propriétés du développement mais l'égalité sera écrite dans l'autre sens.

ex. : $9x^2 + 7x$ est une expression développée.
$7a(3a - 2)$ ou bien $(4x + 8)(5x - 3)$ sont des expressions factorisées.

- Quels que soient les nombres a, b et k, on a :
  $\boldsymbol{ka + kb = k(a + b)}$ $\qquad$ $\boldsymbol{ka - kb = k(a - b)}$

ex. : Factoriser $A = 12a - 8$; $B = 3x^2 + 7x$; $C = 6c^2 - 8c$.
On cherche un facteur commun aux deux termes :
$A = 12a - 8 = 4 \times 3a - 4 \times 2 = 4(3a - 2)$.
On écrit le facteur commun devant. Vérifier mentalement, en développant, que le résultat est correct.
$B = 3x^2 + 7x = x \times 3x + x \times 7 = x(3x + 7)$.
$C = 6c^2 - 8c = 2c \times 3c - 2c \times 4 = 2c(3c - 4)$.

2 Identité remarquable

- Quels que soient les nombres a et b, on a :

$$a^2 - b^2 = (a + b)(a - b)$$

- **Pour factoriser une expression**, on utilise l'identité remarquable.

ex. : $B = 81x^2 - 64$. L'expression B est bien une différence de deux carrés, on peut donc utiliser l'identité remarquable.

On calcule $\sqrt{81} = 9$ et $\sqrt{64} = 8$. On peut donc conclure que $(9x)^2 = 81x^2$ et $8^2 = 64$.

Donc $a = 9x$ et $b = 8$. On peut conclure que :
$B = 81x^2 - 64 = (9x)^2 - 8^2 = (9x + 8)(9x - 8)$.

3 Résoudre des équations produits

A Propriété

Pour tous les nombres A et B, on a :
Si $A \times B = 0$ **alors** $A = 0$ ou bien $B = 0$.

B Application

Résoudre l'équation $(7x + 6)(2x - 5) = 0$.

On utilise la propriété. On a bien $A \times B = 0$ ce qui revient à dire que $A = 0$ ou $B = 0$.

Résoudre la première équation revient à résoudre les deux équations : $7x + 6 = 0$ ou $2x - 5 = 0$ et donc les solutions sont :

$x = \frac{-6}{7}$ ou $x = \frac{5}{2}$.

Exercices types corrigés

EXERCICE 1 **Factoriser** $A = 18b^2 - 8b$; $B = 15x^2 + 5x$; $C = x^2 - x$.

On cherche un facteur commun aux deux termes.

$\mathbf{A} = 18b^2 - 8b = 2b \times 9b - 2b \times 4 = \mathbf{2b(9b - 4)}$.

$\mathbf{B} = 15x^2 + 5x = 5x \times 3x + 5x \times 1 = \mathbf{5x(3x + 1)}$.

$\mathbf{C} = x^2 - x = x \times x - x \times 1 = \mathbf{x(x - 1)}$.

EXERCICE 2 **Factoriser les expressions suivantes :**

$A = 9x^2 - 4$; $B = x^2 - 16$.

Pour factoriser A, on repère qu'on a la différence de deux carrés :

$\mathbf{A} = 9x^2 - 4 = (3x)^2 - 2^2 = \mathbf{(3x + 2)(3x - 2)}$.

$\mathbf{B} = x^2 - 16 = x^2 - 4^2 = \mathbf{(x + 4)(x - 4)}$.

EXERCICE 3 **Résoudre les équations suivantes :**

1. $x^2 = 13$.
2. $(9x - 3)(4x + 6) = 0$.

1. Il faut mettre le 13 du « côté » du x, on obtient donc :
$x^2 - 13 = 0$ Nous pouvons alors factoriser le membre de gauche, en repérant que $\sqrt{13}^2 = 13$ et ainsi :
$x^2 - 13 = x^2 - \sqrt{13}^2 = (x - \sqrt{13})(x + \sqrt{13})$
Si $A \times B = 0$ alors $A = 0$ ou $B = 0$. Donc résoudre l'équation revient à résoudre les deux équations suivantes : $x - \sqrt{13} = 0$ ou $x + \sqrt{13} = 0$.
Ainsi : $\mathbf{x = \sqrt{13}}$ ou $\mathbf{x = -\sqrt{13}}$ sont les deux solutions de l'équation.

2. Si $A \times B = 0$ alors $A = 0$ ou $B = 0$.
Résoudre la première équation revient donc à résoudre les deux équations : $9x - 3 = 0$ ou $4x + 6 = 0$ donc : $x = \frac{3}{9} = \frac{1}{3}$ ou $x = \frac{-6}{4} = \frac{-3}{2}$
Les solutions de l'équation sont donc : $\mathbf{\frac{1}{3}}$ et $\mathbf{-\frac{3}{2}}$.

Résoudre des problèmes avec une équation

Fiche 10

Nombres et calculs

Méthode

Pour résoudre un problème concret à l'aide d'une équation, il faut respecter les étapes suivantes :

1. Choisir l'inconnue et la nommer.
2. Mettre les données en équation, c'est-à-dire traduire les données par des calculs faisant intervenir l'inconnue.
3. Résoudre l'équation.
4. Trouver une solution et la vérifier.

Exercices types corrigés

EXERCICE 1 Jibril et Anouk veulent acheter un gâteau qui coûte 24,30 €. Sachant qu'Anouk a donné 2 € de plus que Jibril, **calculer combien chacun a donné.**

Soit x ce que Jibril a donné. Comme Anouk a donné 2 € de plus, elle a donné $x + 2$. Le problème se traduit donc par : $x + (x + 2) = 24{,}30$, donc $2x + 2 = 24{,}30$.

On résout l'équation : $2x = 24{,}30 - 2$, donc $2x = 22{,}30$ puis $x = 22{,}30 \div 2 = 11{,}15$.

Jibril a donc donné 11,15 € et Anouk 13,15 €.

(On a bien $11{,}15 + 13{,}15 = 24{,}30$.)

EXERCICE 2 Lors d'une course relais, le nombre de kilomètres courus dépend de l'âge des concurrents. Un grand-père, Jean, son fils, Thomas, et son petit-fils, Arthur se sont inscrits à cette course.

Le grand-père doit courir 3 km de moins que son fils et le petit-fils doit courir deux fois plus de kilomètres que son père.

Combien chacun a-t-il couru sachant que le parcours fait 16 km ?

Comme les informations sont données par rapport à Thomas, on choisit :

x le nombre de kilomètres courus par Thomas.

Jean a couru $x - 3$ kilomètres.

Arthur a couru $2x$ kilomètres.

D'où l'équation $(x - 3) + x + 2x = 16$.

$4x - 3 = 16$ donc $4x = 16 + 3$.

Ainsi $4x = 19$ et donc $x = 19 \div 4 = 4{,}75$.
Jean a donc couru $4{,}75 - 3 =$ **1,75 km.**
Thomas a couru 4,75 km.
Arthur a couru $2 \times 4{,}75 =$ **9,5 km.**
(On vérifie : $1{,}75 + 4{,}75 + 9{,}5 = 16$.)

EXERCICE 3 Anna achète 24 assiettes plates, 12 assiettes creuses et 12 assiettes à dessert. Une assiette creuse coûte 2 € de plus qu'une assiette plate. Une assiette à dessert coûte 5 € de moins qu'une assiette plate. Elle dépense en tout 540 €. **Quel est le prix de chaque type d'assiette ?**

Comme les informations sont données par rapport aux assiettes plates, on choisit comme inconnue le prix d'une assiette plate.
x le prix d'une assiette plate.
Une assiette creuse coûte donc $(x + 2)$ € et une assiette à dessert $(x - 5)$ €.
On obtient donc l'équation suivante :
$24x + 12(x + 2) + 12(x - 5) = 540$
On développe : $24x + 12x + 24 + 12x - 60 = 540$
On réduit : $48x - 36 = 540$ donc $48x = 540 + 36$,
ainsi $48x = 576$ et donc $x = 576 \div 48$
$x = 12$.
Une assiette plate coûte **12 €.**
Une assiette creuse coûte $12 + 2 =$ **14 €.**
Une assiette à dessert coûte $12 - 5 =$ **7 €.**

EXERCICE 4 Arthur vide sa tirelire et constate qu'il possède 21 billets. Il a des billets de 5 € et des billets de 10 € pour une somme totale de 125 €. **Combien de billets de chaque sorte possède-t-il ?**

Soit x le nombre de billets de 5 € (on aurait pu prendre ceux de 10 €).
Alors, il y a $21 - x$ billets de 10 € (car il y a 21 billets en tout).
On obtient donc l'équation suivante :
$5x + 10(21 - x) = 125$ (car il y a x billets de 5 € donc $5x$ €).
On développe : $5x + 210 - 10x = 125$.
On réduit : $-5x + 210 = 125$ donc $-5x = 125 - 210$, ainsi $-5x = -85$ et donc $x = -85 \div (-5) = 17$.
Il y a donc **17 billets de 5 €**, et $21 - 17 =$ **4 billets de 10 €.**

Résoudre des problèmes à l'aide du calcul littéral

Fiche 11

1 Problème 1

On utilisera le calcul littéral dans un problème, pour pouvoir **généraliser une situation.**

ex. : Pourquoi le carré d'un nombre pair est divisible par 4.
On voit que si on prend des exemples, la propriété est vérifiée : 6 est pair et son carré, 36, est bien divisible par 4. On n'a pas répondu à la question de façon générale.
Pour ce faire, on va utiliser l'écriture littérale.
Un nombre pair est divisible par 2, il peut donc s'écrire sous la forme $2n$ avec n qui est un entier. On calcule alors le carré du nombre proposé, on a $(2n)^2 = 4n^2$. Le carré de $2n$ est donc divisible par 4.

2 Problème 2

On utilisera le calcul littéral si, pour résoudre le problème, il faut **résoudre une équation**.

ex. : Paul est deux fois plus vieux que Hamza. Hamza a 5 ans de moins que Emma. La somme des âges de Paul, Hamza et Emma est de 25 ans. Quel est l'âge de chacun ?
On pose x = l'âge de Emma, Hamza a alors $(x - 5)$ et Paul $2(x - 5)$ car il a deux fois l'âge de Hamza.
On obtient l'équation : $x + (x - 5) + 2(x - 5) = 25$.
On développe et réduit l'expression littérale :
$x + x - 5 + 2x - 10 = 25$
$4x - 15 = 25$, donc $4x = 25 + 15$,
d'où $4x = 40$ et $x = 40 \div 4 = 10$.
Emma a 10 ans, Hamza a 5 ans et Paul a 10 ans.

Exercices types corrigés

EXERCICE 1 On considère les programmes de calcul suivants :

Programme 1	Programme 2
– Choisir un nombre. – Le multiplier par 2. – Ajouter 6 au résultat. – Élever au carré le résultat précédent.	– Choisir un nombre. – Lui ajouter 6. – Élever au carré le résultat. – Multiplier le nombre obtenu par 2.

1. Calculer le résultat final obtenu par chaque programme avec comme nombres choisis 3 puis (– 2).
2. Associer chaque programme à l'expression littérale qui lui correspond :
$A = 2x + 6^2$; $B = 2(x + 6)^2$; $C = (2x + 6)^2$; $D = 2(x + 6^2)$.
3. Donner l'expression développée de chaque programme.
4. Quel programme donne comme résultat un carré ? Justifier.
5. On a obtenu 64 par le programme 1. Quel a été le nombre de départ ?

1. Pour le programme 1, on a avec 3 comme nombre de départ :
$3 \times 2 = 6$; $6 + 6 = 12$ et $12^2 = \mathbf{144}$.
Pour le programme 2, on a avec 3 comme nombre de départ :
$3 + 6 = 9$; $9^2 = 81$ et $81 \times 2 = \mathbf{162}$.
Pour le programme 1, on a avec (– 2) comme nombre de départ :
$(-2) \times 2 = -4$; $(-4) + 6 = 2$ et $2^2 = \mathbf{4}$.
Pour le programme 2, on a avec (– 2) comme nombre de départ :
$(-2) + 6 = 4$; $4^2 = 16$ et $16 \times 2 = \mathbf{32}$.

2. Pour le programme 1, on a avec x comme nombre de départ :
$x \times 2 = 2x$, puis $2x + 6$ et $(2x + 6)^2$. **C'est l'expression *C*.**
Pour le programme 2, on a avec x comme nombre de départ :
$x + 6$, puis $(x + 6)^2$ et donc $2\,(x + 6)^2$. **C'est l'expression *B*.**

3. $C = (2x + 6)^2 = (2x)^2 + 2 \times 2x \times 6 + 6^2 = \mathbf{4x^2 + 24x + 36}$.
$B = 2\,(x + 6)^2 = 2(x^2 + 2 \times x \times 6 + 36) = \mathbf{2x^2 + 24x + 72}$.

4. La forme générale du résultat du programme 1 est $(2x + 6)^2$. C'est donc **le programme 1 qui donne comme résultat un carré.**

5. 64 est un carré. Il faut que $(2x + 6)^2 = 64$. Donc $2x + 6 = \sqrt{64} = 8$, d'où $2x = 8 - 6 = 2$ et donc $x = 1$. **Le nombre de départ a été 1.**

EXERCICE 2 On considère la figure suivante, déterminer *x* pour que le triangle soit rectangle en *B*.

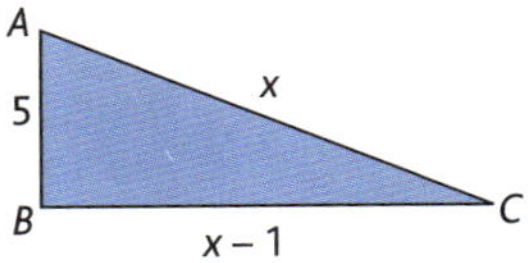

On utilise la réciproque de Pythagore.
$AC^2 = x^2$;
$AB^2 + BC^2 = 5^2 + (x - 1)^2 = 25 + x^2 - 2x + 1 = x^2 - 2x + 26$.
On veut que le triangle soit rectangle, c'est-à-dire qu'il faut qu'on ait l'égalité $AC^2 = AB^2 + BC^2$.
Donc $x^2 = x^2 - 2x + 26$, donc $x^2 - x^2 + 2x = 26$, c'est-à-dire $2x = 26$.
Et donc $x = 26 \div 2 = 13$. **Pour que le triangle soit rectangle en *B*, il faut que *x* soit égal à 13.**

Reconnaître une situation de proportionnalité

1 Définitions

• Deux grandeurs sont **proportionnelles** si, quand on multiplie (ou divise) l'une par un nombre, l'autre grandeur est aussi multipliée (ou divisée) par ce nombre.

• Le **coefficient de proportionnalité** est le nombre par lequel on multiplie une grandeur pour trouver l'autre.

2 Méthode

On veut savoir si le tableau suivant représente une situation de proportionnalité.

Masse (en kg)	2	4	6
Prix (en €)	3	6	9

A Calculer le coefficient de proportionnalité

On cherche x tel que $2x = 3$, donc $x = \frac{3}{2} = 1,5$.

Puis on regarde si chaque élément de la ligne du haut multiplié par 1,5 donne les valeurs de la ligne du bas.
$4 \times 1,5 = 6$ et $6 \times 1,5 = 9$.
On a donc une situation de proportionnalité dont le coefficient est 1,5.

B Calculs sur les colonnes

On part d'un nombre de la ligne du haut et on cherche par quelle valeur le multiplier ou le diviser pour obtenir les autres nombres de cette ligne. Ici, $2 \times 2 = 4$ et $2 \times 3 = 6$.
On regarde alors si on fait bien les mêmes opérations pour la ligne du bas.

$\times 3$
$\times 2$

Masse (en kg)	2	4	6
Prix (en €)	3	6	9

$\times 2$
$\times 3$

C'est une situation de proportionnalité.

C Faire le graphique

Une situation de proportionnalité est représentée par une droite qui passe par l'origine du repère. Ici, on obtient le graphique ci-contre ; on a donc bien proportionnalité.

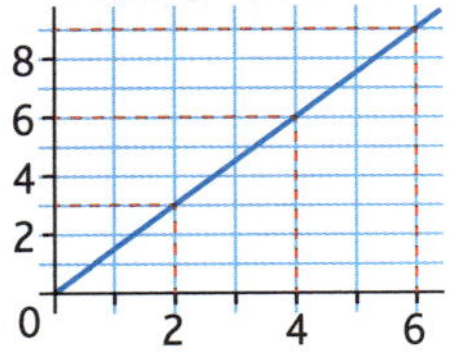

Exercices types corrigés

EXERCICE 1 **Chaque cas représente-il, en général, une situation de proportionnalité :**

1. la taille et l'âge ;
2. la masse et la taille d'une personne ;
3. le nombre de grains de riz et la masse de ces grains de riz ?

1. **Ce n'est pas une situation de proportionnalité.**
Si on double l'âge de quelqu'un, sa taille ne double pas.
2. Quand on ne grandit plus, on peut quand même prendre du poids.
Une grandeur peut varier sans que l'autre varie.
Ce n'est pas une situation de proportionnalité.
3. **C'est une situation de proportionnalité.**
Si on double le nombre de grains, la masse doublera et ainsi de suite.

EXERCICE 2 **Les tableaux suivants sont-ils proportionnels ?**

1.

Quantité (en kg)	3	4	5
Prix (en €)	9	10	11

2.

Quantité (en kg)	4	8	20
Prix (en €)	9	18	45

1. On calcule le coefficient de proportionnalité : $9 \div 3 = 3$.
Puis on multiplie chaque élément de la ligne du haut par 3 :
$4 \times 3 = 12$, on voulait obtenir 10.
Le tableau ne représente pas une situation de proportionnalité.
2. On observe que les nombres de la ligne du haut sont des multiples de 4.
$4 \times 2 = 8$, on calcule donc $9 \times 2 = 18$; $4 \times 5 = 20$,
puis on calcule $9 \times 5 = 45$.
Le tableau représente bien une situation de proportionnalité.

Techniques de calculs sur la proportionnalité

Dans une situation de proportionnalité, on peut calculer les valeurs d'une grandeur quand on connaît celles de l'autre, en suivant l'une de ces méthodes.

1 Coefficient de proportionnalité

On a la situation de proportionnalité suivante :

Litres (en L)	2	5	?
Prix (en €)	1,5	?	7,5

On peut calculer le coefficient de proportionnalité quand on connaît deux valeurs correspondantes : ici, 2 L pour 1,50 €.
On divise alors 1,50 par 2 (le bas par le haut).
On obtient 0,75 qui est le coefficient de proportionnalité.

Il faut alors multiplier 5 par 0,75 (car on descend) pour trouver le prix, c'est-à-dire 3,75 €.

Il faut diviser 7,5 par 0,75 (car on monte) pour trouver le nombre de litres correspondants à 7,50 €.

On trouve $7{,}5 \div 0{,}75 = 10$.

2 Calculs sur les colonnes

Dans une situation de proportionnalité, on peut faire des combinaisons sur les colonnes pour trouver des valeurs.

Masse (en g)	4	8	?
Prix (en €)	3	?	18

On part de la colonne connue, ici 4 et 3, et on regarde la ligne du haut.

On a $8 = 4 \times 2$, donc la valeur sous 8 sera obtenue en faisant $3 \times 2 = 6$.
Pour trouver la valeur au-dessus de $18 = 3 \times 6$, on effectue :
$4 \times 6 = 24$.

On a donc :

$\times 6$; $\times 2$

Masse (en g)	4	8	24
Prix (en €)	3	6	18

$\times 2$; $\times 6$

3 Produit en croix

4	8
3	?

En reprenant l'exemple précédent :
on multiplie entre elles les deux valeurs en **diagonale**, puis on divise par la **dernière** :

$\frac{8 \times 3}{4} = \frac{24}{4} = 6$. On obtient :

4	8
3	**6**

Exercices types corrigés

EXERCICE 1 **Dix stylos coûtent 11 €. Combien coûtent 15 stylos ?**

On est bien dans une situation de proportionnalité : si on achète deux fois plus de stylos, on paiera deux fois plus cher. On fait un tableau.

Stylos	10	15
Prix (en €)	11	?

Coefficient de proportionnalité : $11 \div 10 = 1{,}1$, puis $15 \times 1{,}1 = 16{,}5$.
Colonnes : $10 \times 1{,}5 = 15$, donc on calcule $11 \times 1{,}5 = 16{,}5$.
Produit en croix : $15 \times 11 \div 10 = 16{,}5$.
Il faut choisir sa méthode. **15 stylos coûtent 16,50 €.**

EXERCICE 2 Paul a mis 15 secondes pour télécharger un programme de 3 Mo. **Combien de temps va-t-il mettre pour télécharger un programme de 30 Mo ? Combien de Mo pourra-t-il télécharger en 3 minutes ?**

Il y a bien proportionnalité, on remplit le tableau.
3 minutes = $3 \times 60 = 180$ secondes.

Mo	3	30	?
secondes	15	?	180

Coefficient de proportionnalité : $15 \div 3 = 5$,
puis $30 \times 5 = 150$ secondes. $180 \div 5 = 36$ Mo.
Colonnes : $3 \times 10 = 30$, donc on calcule $15 \times 10 = 150$ secondes.
$15 \times 12 = 180$, donc on calcule $3 \times 12 = 36$ Mo.
Produit en croix : $30 \times 15 \div 3 = 150$ secondes.
$180 \times 3 \div 15 = 36$ Mo.
Paul mettra 150 s, donc 2 minutes 30 secondes pour télécharger 30 Mo.
En 3 minutes, il téléchargera 36 Mo.

Calculer avec les pourcentages

Fiche 14

1 Définition

Les pourcentages représentent une situation de **proportionnalité** où la valeur de référence est associée à 100.

2 Méthode

Calculer les 40 % de 125 L.

1. Trouver la valeur de référence : ici 125 L.

2. Dresser le tableau de proportionnalité.

Litres (L)	125	x
Pourcentage (%)	100	40

3. Utiliser le produit en croix : $x = \dfrac{125 \times 40}{100} = 50$.

40 % de 125 L font 50 L.

Exercices types corrigés

EXERCICE 1 *Appliquer un pourcentage*

Jules va faire les soldes. Il trouve des chaussures qui coûtaient 80 €, et qui sont soldées à 20 %. **Combien va-t-il payer ?**

La valeur de référence est 80 €.

Prix (en €)	80	x
Pourcentage (%)	100	20

On utilise le produit en croix : $x = \dfrac{80 \times 20}{100} = 16$;

80 – 16 = 64 (on a retiré les 20 %).

Les chaussures coûtent donc 64 €.

EXERCICE 2 *Calculer un pourcentage*

Sur 300 candidats à un concours, 126 sont admis.

Calculer le pourcentage de reçus.

La valeur de référence est 300 candidats.

Candidats	300	126
Pourcentage (%)	100	x

On utilise le produit en croix : $x = \frac{126 \times 100}{300} = 42$.
Il y a 42 % de reçus.

EXERCICE 3 ***Retrouver la valeur de référence***
45 % des moutons d'un troupeau sont blancs. Il y a 72 moutons blancs.
Combien y a-t-il de moutons en tout ?

La valeur de référence est inconnue.

Moutons	x	72
Pourcentage (%)	100	45

On utilise le produit en croix : $x = \frac{72 \times 100}{45} = 160$.
Il y a 160 moutons.

EXERCICE 4 Dans un laboratoire, on cultive des bactéries. La population diminue de 30 % toutes les heures. À 9 h, il y a 1 260 bactéries.
Combien y avait-il de bactéries à 8 h ?

La valeur de référence est inconnue.
Les 1 260 bactéries correspondent à 70 % de la population de 8 h (100 – 30 = 70).

Bactéries	x	1 260
Pourcentage (%)	100	70

On utilise le produit en croix : $x = \frac{1\,260 \times 100}{70} = 1\,800$.
À 8 h, il y avait 1 800 bactéries.

EXERCICE 5 Dans une station balnéaire, la population passe de 20 000 habitants en août à 5 600 en septembre.
Calculer le pourcentage de diminution.

La valeur de référence est 20 000, c'est la situation de départ.

Habitants	20 000	5 600
Pourcentage (%)	100	x

On utilise le produit en croix : $x = \frac{5\,600 \times 100}{20\,000} = 28$.

28 % correspond aux 5 600 habitants.
La diminution, de 20 000 à 5 600 est donc de 100 – 28 = 72 %.

Utiliser la proportionnalité (échelle, durée...)

Fiche 15

Gestion de données et fonctions

Les situations suivantes sont des situations de proportionnalité.

1 Échelle

Dire qu'une reproduction est à l'échelle *t*, signifie que les dimensions réelles sont multipliées par *t*.

ex. : Une carte à l'échelle $\frac{1}{100}$ signifie que les dimension de la carte sont obtenues en multipliant les dimensions réelles par $\frac{1}{100}$.

Donc 1 cm sur la carte représente 100 cm, soit 1 m en réalité.
Le dessin d'un objet est un agrandissement à l'échelle 5.
Cela signifie que les dimensions du dessin sont obtenues en multipliant les dimensions réelles de l'objet par 5.

2 Mouvement uniforme

Un mouvement est **uniforme** si la distance parcourue est proportionnelle à la durée de parcours. La vitesse est alors constante.

Exercices types corrigés

EXERCICE 1 *Mouvement uniforme*

Lors d'un orage, le son se déplace de 1 700 m en 5 s. La lumière, elle, apparaît quasiment instantanément.

1. **Combien de temps après avoir vu l'éclair, entend-on le tonnerre si on est à 3 km de l'orage ? On arrondira au dixième.**
2. **À quelle distance est l'orage si on entend le tonnerre 4 s après avoir vu l'éclair ?**

On est bien dans une situation de proportionnalité, le son et la lumière se déplaçant dans un mouvement uniforme.

Distance (en m)	1 700	3 000	?
Temps (en s)	5	?	4

1. On utilise le produit en croix. $3\,000 \times 5 \div 1700 = 8{,}8$ s.
On entendra l'orage 8,8 secondes après avoir vu l'éclair.
2. $4 \times 1700 \div 5 = 1360$. **L'orage est à 1 360 m.**

EXERCICE 2 *Échelle de réduction*

Louna a une carte à l'échelle 1/1 000 000e.

1. **Quelle est la distance réelle qui est représentée par 2,5 cm sur la carte ?**
2. **Quelle longueur sur la carte représente 52 km dans la réalité ?**

Il y a bien proportionnalité, on remplit le tableau.
1 cm sur la carte représente 1 000 000 cm en réalité, c'est-à-dire 10 km.
On peut alors remplir le tableau de proportionnalité suivant :

Carte (en cm)	1	2,5	?
Réalité (en km)	10	?	52

On fait les opérations sur les colonnes.
1. $1 \times 2{,}5 = 2{,}5$, donc on calcule $10 \times 2{,}5 = 25$.
2,5 cm sur la carte représentent donc 25 km dans la réalité.
2. $10 \times 5{,}2 = 52$, donc on calcule $1 \times 5{,}2 = 5{,}2$.
52 km dans la réalité sont donc représentés par 5,2 cm sur la carte.

EXERCICE 3 *Échelle d'agrandissement*

Un globule rouge peut être considéré comme un disque de 0,007 mm de diamètre.

1. **Quel sera le diamètre du disque si on représente le globule rouge à l'échelle 5 000 ?**
2. Julie a représenté un globule rouge en traçant un disque de diamètre 5,6 cm. **À quelle échelle l'a-t-elle reproduit ?**
Avec cette échelle, Julie représente un globule blanc en faisant un disque de 9,6 cm. **Calculer la taille réelle du globule blanc.**

1. La reproduction est à l'échelle 5 000, on multiplie donc la taille réelle par 5 000 pour obtenir la taille de la représentation.
$0{,}007 \times 5\,000 = 35$.
Le diamètre du disque représenté sera de 35 mm.
2. On cherche le coefficient de proportionnalité. Il faut que les longueurs soient exprimées dans la même unité.

Taille réelle (en mm)	0,007	?
Reproduction (en mm)	56	96

On calcule le coefficient de proportionnalité, $56 \div 0{,}007 = 8\,000$.
L'échelle de la reproduction utilisé par Julie est donc 8 000.
Maintenant qu'on a l'échelle, il suffit de diviser : $96 \div 8\,000 = 0{,}012$.
La taille réelle du globule blanc est de 0,012 mm.

Différentes représentations des données statistiques

Fiche 16

1 Vocabulaire

Population : ensemble étudié.
Caractère : propriété étudiée.
Effectif total : nombre d'éléments étudiés.
Fréquence : quotient de l'effectif d'une valeur par l'effectif total.

2 Représentations

ex. : Voici les notes d'anglais obtenues par Charlotte :
8 ; 9 ; 11 ; 11 ; 12 ; 15 ; 15 ; 15.

A Le tableau

Notes	8	9	11	12	15
Effectifs	1	1	2	1	3

B Le diagramme en bâton

On représente les valeurs du caractère en abscisse et les effectifs en ordonnée.

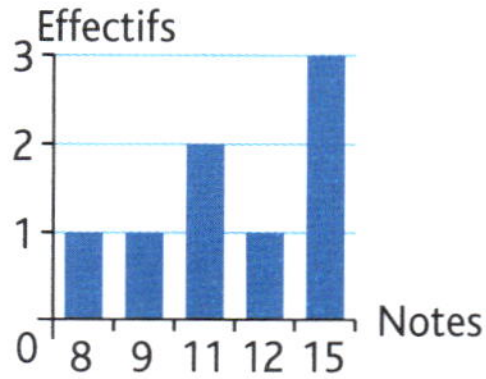

C Le diagramme circulaire

L'ensemble des données est représenté par un disque. Chaque fréquence est représentée par un secteur angulaire, donné par la formule : **secteur angulaire = fréquence** $\times$ **360** .

ex. : Ici, la fréquence du 11 est de 0,25.
On calcule :
$0{,}25 \times 360 = 90°$.
Pour 15, on a :
$3 \div 8 \times 360 = 135°$,
et $1 \div 8 \times 360 = 45°$
pour les autres notes.

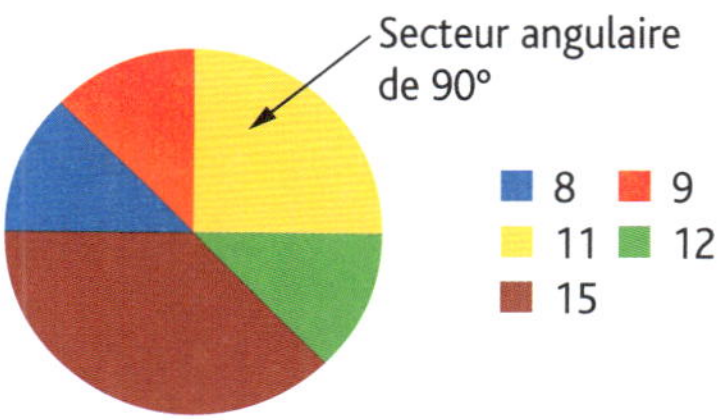

Exercices types corrigés

EXERCICE 1 Un éleveur possède 80 animaux, 25 poules, 20 coqs, 15 vaches et des taureaux.

1. Compléter le tableau suivant :

	Femelles	Mâles	Total
Volaille			
Mammifères			
Total			

2. Calculer les fréquences des poules, des mammifères, des mâles.

1.

	Femelles	Mâles	Total
Volaille	25	20	45
Mammifères	15	20	35
Total	40	40	80

Pour trouver l'effectif des taureaux, on effectue :
$80 - (25 + 20 + 15) = 20$.

2. L'effectif des poules est de 25. La fréquence est donc de $25 \div 80 = \mathbf{0{,}3125}$.
Pour les mammifères, $35 \div 80 = \mathbf{0{,}4375}$ et pour les mâles $40 \div 80 = \mathbf{0{,}5}$.

EXERCICE 2 Dans une classe de 30 élèves, 3 viennent en voiture, 12 viennent à vélo, 9 en bus et le reste à pied.

1. Calculer la fréquence de chaque mode de déplacement.

2. Construire le diagramme circulaire et le diagramme en bâton correspondants.

1. Les fréquences sont : pour la voiture $3 \div 30 = 0{,}1$,
pour le vélo $12 \div 30 = 0{,}4$, pour le bus $9 \div 30 = 0{,}3$.
L'effectif des élèves venant à pied est $30 - (3 + 12 + 9) = 6$.
La fréquence correspondante est donc $6 \div 30 = 0{,}2$.

2. Les secteurs angulaires sont : pour la voiture $0{,}1 \times 360 = 36°$,
pour le vélo $0{,}4 \times 360 = 144°$, pour le bus $0{,}3 \times 360 = 108°$
et pour la marche à pied $0{,}2 \times 360 = 72°$.

Diagramme circulaire :

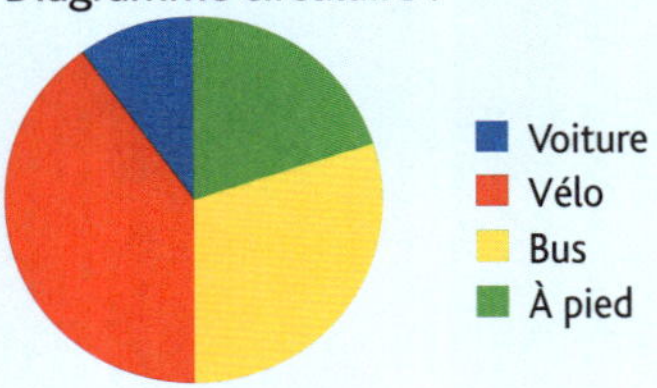

Diagramme en bâton :

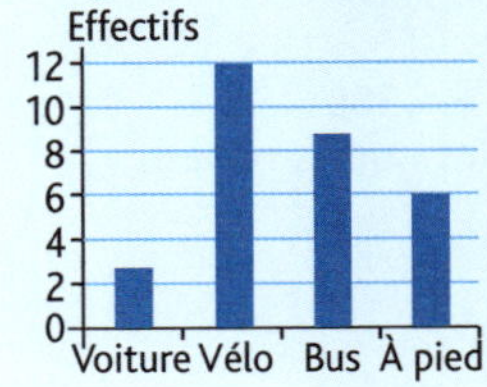

Calculs statistiques (étendue, moyenne et médiane)

Fiche 17

Gestion de données et fonctions

1 Moyenne d'une série statistique

La **moyenne** est donnée par la formule :

$$\frac{\textbf{Somme des valeurs}}{\textbf{Effectif total}}.$$

ex. : Les notes obtenues par Matéo en SVT sont 7 ; 9 ; 10 ; 12 ; 16 ; 18.
En maths, il a eu : 8 ; 8 ; 12 ; 12 ; 15.

Sa moyenne en SVT est donc :

$$\frac{(7+9+10+12+16+18)}{6}=12.$$

Sa moyenne en maths est donc :

$$\frac{(8\times2+12\times2+15)}{5}=\frac{55}{5}=11.$$

2 Médiane d'une série statistique

- Quand on a classé les valeurs par ordre croissant, la **médiane** est :
  - la valeur du milieu si l'effectif est impair ;
  - la moyenne des deux valeurs du milieu si l'effectif est pair.
- La moitié de l'effectif est donc situé en dessous de la médiane et l'autre moitié est au-dessus.

ex. : On a relevé la taille de 5 personnes : 1,64 m ; 1,70 m ; 1,72 m ; 1,82 m ; 1,92 m.
La médiane est ici la valeur du milieu, c'est-à-dire 1,72 m.
Si on reprend l'exemple des notes en SVT de Matéo, les deux valeurs du milieu sont 10 et 12.
La médiane est donc $\frac{10+12}{2}=11$.

3 Étendue d'une série statistique

L'**étendue** est la différence entre la plus grande et la plus petite valeur.

ex. : Dans l'exemple des tailles, l'étendue est de :
1,92 – 1,64 = 0,28 m.

Exercices types corrigés

EXERCICE 1 *Données brutes*

On a noté les temps, en secondes, de onze élèves au 400 m :
48,7 ; 50 ; 50,3 ; 49 ; 54,2 ; 50,2 ; 51,8 ; 51,3 ; 50,1 ; 49,2 ; 50,5.

1. **Déterminer le temps moyen m.**
2. **Déterminer le temps médian. En donner une interprétation.**
3. **Calculer l'étendue de ces données.**

1. $m = \dfrac{(48{,}7+50+50{,}3+49+54{,}2+50{,}2+51{,}8+51{,}3+50{,}1+49{,}2+50{,}5)}{11}$

$m \approx$ **50,48**.

2. Il faut classer les données dans l'ordre croissant :
48,7 ; 49 ; 49,2 ; 50 ; 50,1 ; 50,2 ; 50,3 ; 50,5 ; 51,3 ; 51,8 ; 54,2.
L'effectif est impair. Le milieu de l'effectif est donné par $11 \div 2 = 5{,}5$, donc la 6e valeur. **Le temps médian est 50,2 secondes.**
La moitié des élèves a couru le 400 m en moins de 50,2 s.

3. On calcule la différence de la plus grande et de la plus petite valeur.
54,2 – 48,7 = 5,5. **L'étendue est de 5,5 secondes.**

EXERCICE 2 *Avec un tableau*

On a mesuré les 30 élèves d'une classe et reporté les données :

Taille (en cm)	160	162	165	166	167	170	172	174	176	177	178	180	183	185	190
Effectif	2	3	1	1	2	4	2	3	2	2	2	3	1	1	1

1. **Calculer la taille moyenne de cette classe.**
2. **Déterminer la taille médiane. Interpréter.**
3. **Déterminer l'effectif des élèves ayant une taille inférieure à 1,76 m.**

1. Les valeurs ont été regroupées par groupes. Il y a 2 élèves qui mesurent 160 cm, 3 pour 162 cm... On a donc la formule suivante pour la moyenne :

$$\frac{(160\times2+162\times3+165\times1+\ldots+185\times1+190\times1)}{30}=\frac{5\,177}{30}\simeq172{,}6.$$

La taille moyenne est de 172,6 cm.

2. L'effectif est pair. On retient les deux valeurs centrales : 15e et 16e.
Le 15e élève mesure 172 cm et le 16e 174 cm.

La médiane est donnée par $\dfrac{172+174}{2}=\mathbf{173}$. Il y a donc la moitié de la classe qui mesure moins de 173 cm et l'autre moitié qui mesure plus que 173 cm.

3. Ce sont tous les élèves qui mesurent 174 cm et moins.
Il y a donc 18 élèves qui mesurent moins de 176 cm.

Calculer des probabilités

Fiche 18

Gestion de données et fonctions

1 Vocabulaire

• **Expérience aléatoire** : expérience dont on ne connaît pas le résultat à l'avance.

ex. : Jeter un dé est une expérience aléatoire. Elle fait intervenir le hasard.

• **Événement** : un événement est constitué d'un ou plusieurs résultats d'une expérience aléatoire.

ex. : On jette un dé. Les résultats sont {1 ; 2 ; 3 ; 4 ; 5 ; 6}.
Obtenir un multiple de 3 est un événement ; il est constitué de 3 et 6.

2 Propriétés

• On appelle **probabilité d'un événement *A***, noté ***p*(*A*)**, sa fréquence d'apparition. Elle est donnée par la formule :

$$p(A) = \frac{\textbf{nombre de résultats dans } A}{\textbf{nombre de résultats total}}.$$

• $p(A)$ est une fréquence donc : $\mathbf{0 < p(A) < 1}$.
Si $p(A) = 0$, A est l'événement impossible.
Si $p(A) = 1$, A est l'événement certain.

ex. : On reprend le lancer de dé et les événements suivants :
A : « Obtenir un multiple de 3. »
B : « Obtenir un nombre plus petit que 10. »
C : « Obtenir 7. »

A est composé de deux résultats, donc $p(A) = \frac{2}{6} \approx 0,33$, soit 33 % de chances d'apparition.
B est certain, donc $p(B) = 1$, soit 100 % de chances d'apparition.
C est impossible, donc $p(C) = 0$, soit 0 % de chances d'apparition.

Exercices types corrigés

EXERCICE 1 On réalise l'expérience aléatoire suivante : on pioche une carte au hasard dans un jeu de 32 cartes. **Calculer les probabilités des événements suivants :**

1. *A* : « Obtenir un pique. »
2. *B* : « Obtenir un roi ou un sept rouge. »
3. *C* : « Obtenir un cœur ou un huit. »

1. L'événement *A* est composé des piques, donc 8 cartes : as, roi, dame, valet, 10, 9, 8 et 7 de pique.
Donc **$p(A) = \frac{8}{32} = 0,25$, soit 25 % de chances.**

2. L'événement *B* est composé des quatre rois et des deux 7 rouges, donc de 6 cartes. Donc **$p(B) = \frac{6}{32} = 0,1875$, soit 18,75 % de chances.**

3. L'événement *C* est composé des huit cœurs et des trois huit restants, le huit de cœur étant déjà compté. L'événement *C* correspond à onze cartes.
Donc **$p(C) = \frac{11}{32} \approx 0,3437$, soit 34,37 % de chances.**

EXERCICE 2 Lors des élections de délégués, Maxime obtient 12 voix et Pauline 18. La classe comporte 30 élèves. On choisit un élève au hasard dans la classe. **Quelle est la probabilité qu'il ait voté pour Maxime ?**

Il y a 12 élèves qui ont voté pour Maxime. Il y a donc 12 chances sur 30 que l'élève choisi ait voté pour Maxime. **$p(\text{Maxime}) = \frac{12}{30} = 0,4$, soit 40 %.**

EXERCICE 3 Dans un pot rouge, on a mis 6 bonbons à la fraise et 10 à la menthe. Dans un pot bleu, on a mis 8 bonbons à la fraise et 14 à la menthe. Les bonbons sont enveloppés pour qu'on ne puisse pas les différencier.
Dans quel pot a-t-on plus de chances d'obtenir un bonbon à la fraise ?

Soit *R* l'événement « piocher un bonbon à la fraise » dans le pot rouge.

Il y a 16 bonbons en tout, donc **$p(R) = \frac{6}{16} = 0,375$, soit 37,5 %.**

Soit *B* l'événement « piocher un bonbon à la fraise » dans le pot bleu.

Il y a 22 bonbons en tout, donc **$p(B) = \frac{8}{22} \approx 0,364$, soit 36,4 %.**

On a plus de chances d'obtenir un bonbon à la fraise dans le pot rouge.

Définition et vocabulaire des fonctions

Fiche 19

Fonction

- Une **fonction** est un procédé qui, à un nombre, appelé **antécédent**, associe un autre nombre, appelé **image**.
- **Notation :** Pour la fonction appelée f, si x est l'antécédent, on note $f(x)$ l'image de x par f.

$f(x)$ se lit « f de x ».

ex. : Consommation de produits sucrés en kg par une personne sur 5 ans :

Année	2020	2021	2022	2023	2024
Consommation en kg	29,4	30	29,1	29,4	29,3

En 2021, sa consommation de produits sucrés était de 30 kg.
On notera $f(2021) = 30$.
Cela signifie que l'image de 2021 est 30 ou encore qu'un antécédent de 30 est 2021.
On a aussi : $f(2020) = 29{,}4$ et $f(2023) = 29{,}4$.
29,4 a pour antécédents 2020 et 2023.

Exercices types corrigés

EXERCICE 1 On étudie le temps que met une pierre à chuter de 10 m. On a effectué différentes mesures, reportées dans le tableau suivant :

Hauteur de chute (en m)	1	3	6	8	10
Temps (en s)	0,5	0,8	1,1	1,25	1,4

On considère la fonction f qui, à la hauteur en m, associe le temps de chute en secondes.

1. Déterminer l'image de 1 et de 6. Que signifient en pratique ces résultats ?

2. Déterminer un antécédent de 0,8.

3. Déterminer $f(10)$.

1. L'image de 1 est 0,5. On note $\boldsymbol{f(1) = 0{,}5}$.
L'image de 6 est 1,1. On note $\boldsymbol{f(6) = 1{,}1}$.
Ces égalités signifient en pratique que la pierre met 0,5 s à parcourir 1 m et 1,1 s à parcourir 6 m.

2. Un antécédent de 0,8 est 3. On note $f(3) = 0,8$.
La pierre met 0,8 s à parcourir 3 m.
3. $f(10) = 1,4$. La pierre met 1,4 s à tomber de 10 m.

EXERCICE 2 On considère le tableau suivant, où on a reporté les tailles moyennes d'un groupe d'enfants, en m, en fonction de l'âge, en années.

Âge (en années)	2	4	8	10	12	15
Taille (en m)	0,84	0,99	1,19	1,31	1,45	1,59

1. Déterminer f(2) et f(10). Interpréter.
2. Déterminer un antécédent de 1,19. Interpréter.
3. Déterminer le nombre qui a pour image 1,45. Interpréter.

1. **$f(2) = 0,84$.** La taille moyenne à 2 ans est de 0,84 m.
$f(10) = 1,31$. La taille moyenne à 10 ans est de 1,31 m.
2. **Un antécédent de 1,19 est 8.** On a $f(8) = 1,19$.
À 8 ans, la taille moyenne est de 1,19 m.
3. **Le nombre qui a pour image 1,45 est 12.** On a $f(12) = 1,45$.
La taille moyenne à 12 ans est de 1,45 m.

EXERCICE 3 On considère le tableau suivant, où on a reporté certains antécédents et les images correspondantes d'une fonction appelée g.

x	– 3	– 2	– 1	0	1	2	3	4	5
$g(x)$	4	2	1	3	0	– 1	2	0	3

À l'aide du tableau, déterminer :
1. $g(2)$.
2. L'image de 3.
3. Le (ou les) antécédent(s) de 3.
4. $g(0)$.
5. Le (ou les) antécédent(s) de 0.
6. Le (ou les) nombre(s) ayant pour image 2.

1. **$g(2) = -1$.** On choisit 2 dans la ligne des antécédents, c'est-à-dire la ligne avec x, et on regarde en dessous l'image correspondante.
2. L'image de 3 est **$g(3) = 2$.**
3. **Les antécédents de 3 sont 0 et 5.** 3 est une image car on cherche ses antécédents. C'est donc dans la ligne g(x) qu'on cherche le 3 et les antécédents seront au-dessus.
4. **$g(0) = 3$.**
5. **Les antécédents de 0 sont 1 et 4.**
6. Les nombres qui ont pour image 2 sont les antécédents de 2, c'est-à-dire **– 2 et 3.**

Calculs avec les fonctions Application au tableur

Fiche 20

• Une fonction peut être définie par les calculs à effectuer en fonction de l'antécédent x pour trouver l'image $f(x)$.

• On notera $f : x \mapsto f(x)$ la fonction f qui à x associe $f(x)$.

ex. : On donne $f : x \mapsto f(x) = 3x - 4$ (c'est l'expression algébrique de f).
Pour calculer l'image de x, on multiplie x par 3, puis on enlève 4 au résultat.
$f(5) = 3 \times 5 - 4 = 15 - 4 = 11$, on a remplacé x par 5.
L'image de 5 par f est donc 11.

Exercices types corrigés

EXERCICE 1 On donne le programme de calculs suivant :
– choisir un nombre ;
– lui ajouter 5 ;
– multiplier le résultat par 3 ;
– retirer 7 au résultat trouvé.

1. **Calculer le nombre obtenu si on choisit 4, si on choisit (– 3).**
2. **Écrire l'expression algébrique correspondante.**

1. Pour 4, on effectue $(4 + 5) \times 3 - 7 = 9 \times 3 - 7 = 27 - 7 = \mathbf{20}$.
Pour (– 3), on effectue $(-3 + 5) \times 3 - 7 = 2 \times 3 - 7 = 6 - 7 = \mathbf{-1}$.
2. L'expression algébrique est donnée en prenant x comme nombre de départ.
$(x+5)\times 3-7=3x+15-7=\mathbf{3x+8}$.

EXERCICE 2 On donne $f : x \mapsto f(x) = 2x^2 - 2x - 4$.

1. **Calculer $f(3)$.**
2. **Calculer l'image de (– 3).**
3. **0 est-il un antécédent de (– 4) ?**
4. **(– 2) a-t-il pour image (– 4) ?**

1. Pour calculer $f(3)$, c'est-à-dire l'image de 3, on remplace x par 3 dans l'expression algébrique de $f(x)$.
$\mathbf{f(3)} = 2\times 3^2-2\times 3-4=2\times 9-6-4=18-10=\mathbf{8}$.
2. Cela revient à calculer $f(-3)$: on remplace x par (– 3).
$\mathbf{f(-3)} = 2\times(-3)^2-2\times(-3)-4=2\times 9+6-4=18+2=\mathbf{20}$.
3. Dire que 0 est un antécédent de (– 4), revient à dire que l'image de 0 est (– 4). Pour le vérifier, on calcule donc l'image de 0.

$f(0) = 2\times 0^2 - 2\times 0 - 4 = 2\times 0 - 0 - 4 = -4$.
Donc **0 est un antécédent de (– 4).**
4. On calcule l'image de (– 2), soit $f(-2)$.
$f(-2) = 2\times(-2)^2 - 2\times(-2) - 4 = 2\times 4 + 4 - 4 = 8$.
L'image de (– 2) n'est pas (– 4).

EXERCICE 3

En physique, l'énergie cinétique d'un solide en mouvement est donnée par la formule $E_c = \frac{1}{2}mv^2$.

E_c est exprimée en joules, la masse m en kg et la vitesse v en m/s.

1. Donner l'énergie cinétique d'un véhicule de 1,2 tonne :
a. se déplaçant à 10 m/s (soit 36km/h) ;
b. se déplaçant à 36m/s (soit environ 130 km/h).
2. Pour ce véhicule, quelle vitesse correspond à une énergie cinétique de 290 400 joules ?

1. a. 1,2 tonne = 1 200 kg. On remplace m par 1 200 et v par 10.

$E_c = \frac{1}{2}\times 1\,200 \times 10^2 = 600 \times 100 =$ **60 000 joules.**

b. $E_c = \frac{1}{2}\times 1\,200 \times 36^2 = 600 \times 1\,296 =$ **777 600 joules.**

2. On a l'équation $290\,400 = 600 \times v^2$, donc $v^2 = \frac{290\,400}{600} = 484$.

Ainsi, $v = \sqrt{484} = 22$. **La vitesse du véhicule est de 22 m/s.**

EXERCICE 4

	A	B	C	D	E
1	x	3	4	5	6
2	f(x)				

On considère la fonction $f : x \mapsto f(x) = 4x - 7$.
1. Quelle formule doit-on taper dans la cellule B2 afin d'obtenir l'image de 3 par f ? Combien obtient-on alors ?
2. On fait un copier/coller de la cellule B2 vers la cellule D2.
Quelle est la formule obtenue dans la cellule D2 ?

1. Dans un tableur, on écrit «=» devant une formule.
La formule à taper dans la cellule B2 est **=4*B1– 7.**
On obtient alors $4 \times 3 - 7 =$ **5.**
2. Quand on fait un copier/coller d'une formule dans un tableur, celui-ci change le nom des cellules dans cette formule en fonction de l'endroit où on fait le coller. Ici, on copie B2 vers D2 et il y a B1 dans la formule ; il y aura donc D1 dans la formule copiée.
La formule dans la cellule D2 sera **=4*D1– 7.**

Représentation graphique d'une fonction

Fiche 21

La **représentation graphique** d'une fonction f est une **courbe** composée des points de coordonnées $(x\ ;f(x))$.

ex. : On a représenté graphiquement une fonction f :

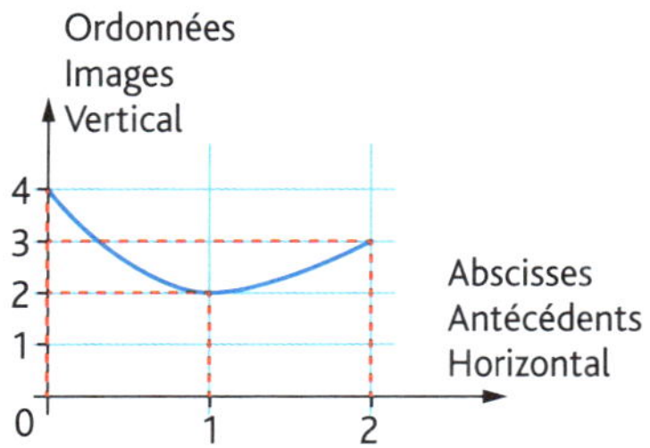

On associe les mots deux à deux :
Antécédents / Images
Abscisses / Ordonnées
Horizontal / Vertical

Le point de coordonnées (1 ; 2) est sur la courbe, donc 2 est l'image de 1 par f ou encore $f(1) = 2$.
Le point de coordonnées (0 ; 4) est sur la courbe, donc 4 est l'image de 0 par f ou encore $f(0) = 4$.

Exercices types corrigés

EXERCICE 1 On considère le graphique suivant :

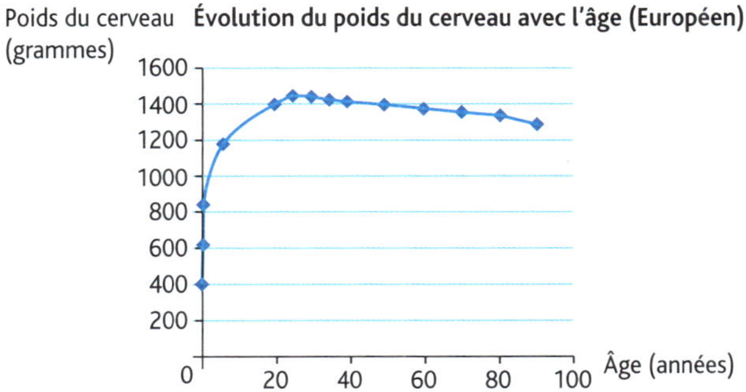

1. **Déterminer, à l'aide du graphique, l'image de 30 et de 80. Interpréter.**
2. **Déterminer, à l'aide du graphique, le (ou les) antécédent(s) de 1 200, de 1 400. Interpréter.**

1. Avec la précision que permet le graphique, on regarde l'ordonnée correspondante à l'abscisse 30, c'est 1 420.

L'image de 30 est 1 420, donc une personne âgée de 30 ans a, en moyenne, un cerveau qui pèse 1 420 g.

On regarde l'ordonnée correspondante à l'abscisse 80, c'est 1 350.

L'image de 80 est 1 350, donc une personne âgée de 80 ans a, en moyenne, un cerveau qui pèse 1 350 g.

2. On regarde la ou les abscisse(s) correspondant à l'ordonnée 1 200, c'est environ 7.

1 200 a pour antécédent 7. Un cerveau de 1 200 g correspond en moyenne à une personne âgée de 7 ans.

On regarde la ou les abscisse(s) correspondant à l'ordonnée 1 400, ce sont 20 et 50.

1 400 a pour antécédents 20 et 50. Un cerveau de 1 400 g correspond en moyenne à une personne âgée de 20 ou 50 ans.

EXERCICE 2 On considère le graphique suivant :

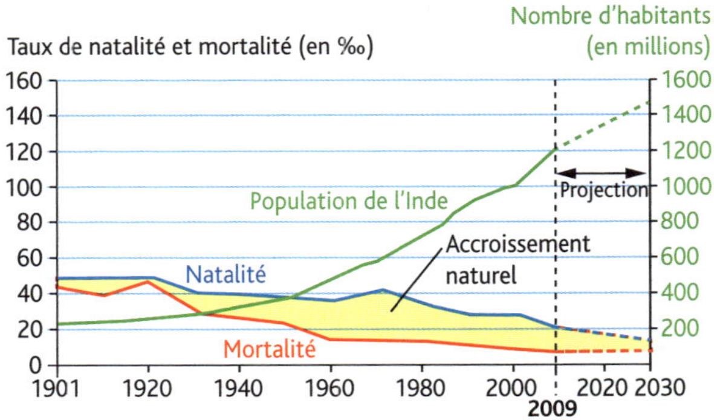

Déterminer, avec la précision que permet le graphique :

1. a. Le taux de natalité en 2000.

b. Le taux de mortalité en 1980.

c. La population en 2000.

2. a. L'année où le taux de mortalité est de 10 ‰.

b. L'année où le taux de natalité est de 30 ‰.

c. L'année où la population est de 600 millions d'habitants.

1. Ici, les taux se lisent en ordonnée sur la gauche.

a. Le taux de natalité en 2000 est de **30 ‰**.

b. Le taux de mortalité en 1980 est de **15 ‰**.

c. La population en 2000 est de 1 000 millions d'habitants, soit 1 milliard.

2. a. Le taux de mortalité est de 10 ‰ en 2000.

b. Le taux de natalité est de 30 ‰ de 1990 à 2000.

c. La population est de 600 millions en 1970.

Fonctions linéaires Représentation, calculs

1 Fonction linéaire

• Une fonction est dite **linéaire** si son expression algébrique est de la forme $f(x) = ax$, avec a nombre relatif.

• a est le **coefficient directeur** de la fonction linéaire.

ex. : La fonction $f : x \mapsto f(x) = 3x$ est une fonction linéaire.
L'image de 4 par f est donnée par $f(4) = 3 \times 4 = 12$.

• Une fonction linéaire représente une **situation de proportionnalité** avec comme **coefficient de proportionnalité**, le coefficient directeur de la fonction linéaire, a.

• Par une fonction linéaire, chaque image a un seul antécédent.

2 Représentation graphique

Une fonction linéaire représentant une situation de proportionnalité, sa représentation graphique est une **droite qui passe par l'origine du repère.**

ex. : La représentation graphique de $f : x \mapsto f(x) = 2x$ est :

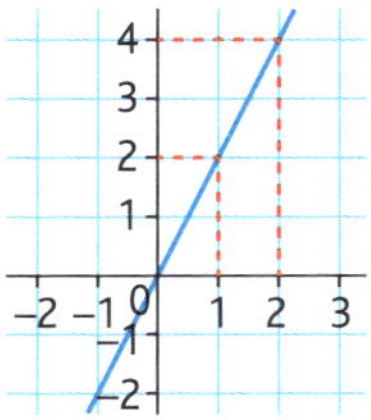

On a bien l'image de 1 qui est 2, soit le point (1 ; 2) et celle de 2 qui est 4, donc le point (2 ; 4).

3 Application

Construire la représentation de $f : x \mapsto f(x) = -2x$.

On sait que la courbe de f est une droite qui passe par l'origine.

Il suffit donc d'obtenir un autre point de la courbe. Pour cela, on calcule l'image d'un nombre qu'on choisit. Ici 2, soit $f(2) = -2 \times 2 = -4$, donc le point est (2 ; – 4).

On le place dans le repère et on trace la droite.

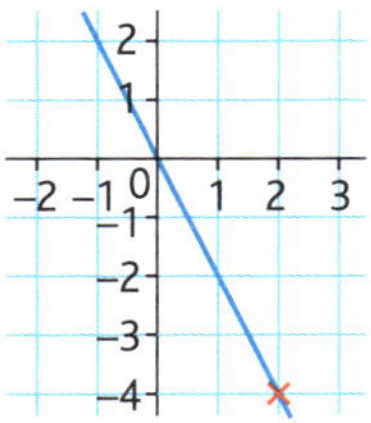

Exercices types corrigés

EXERCICE 1 *Calculs d'images et d'antécédents*

Soit la fonction $f : x \mapsto f(x) = 3x$.

1. **Calculer l'image de 4 et de (– 3).**
2. **Calculer l'antécédent de 6 et de (– 12).**

1. $f(4) = 3 \times 4 = 12$. **L'image de 4 est 12.**
$f(-3) = 3 \times (-3) = -9$. **L'image de – 3 est – 9.**
2. Pour calculer l'antécédent de 6, on cherche x tel que $f(x) = 6$, donc $3x = 6$. Ainsi $x = \frac{6}{3} = 2$. **L'antécédent de 6 par f est 2.**

Pour calculer l'antécédent de – 12, on cherche x tel que $f(x) = -12$, donc $3x = -12$. Ainsi $x = \frac{-12}{3} = -4$. **L'antécédent de – 12 par f est – 4.**

EXERCICE 2 *Calculer le coefficient d'une fonction linéaire*

Calculer le coefficient de la fonction linéaire g telle que le point (– 3 ; 6) appartient à la courbe de g.

g est une fonction linéaire, son expression algébrique est donc de la forme ax. Comme (– 3 ; 6) est sur la courbe de g, on a : $g(-3) = 6$; on remplace x par – 3 dans l'expression algébrique.

$g(-3) = -3a = 6$, donc $a = \frac{-6}{3} = -2$. **Le coefficient de g est donc – 2.**

EXERCICE 3 *Représenter une fonction linéaire*

1. **Représenter la fonction $f : x \mapsto f(x) = \frac{1}{2}x$.**
2. **Déterminer l'antécédent de – 2 graphiquement, puis par le calcul.**

1. La représentation d'une fonction linéaire est une droite qui passe par l'origine du repère. On calcule l'image de 2 : $f(2) = \frac{1}{2} \times 2 = 1$.

Le point (2 ; 1) est sur la courbe.
On obtient donc le graphe ci-contre :

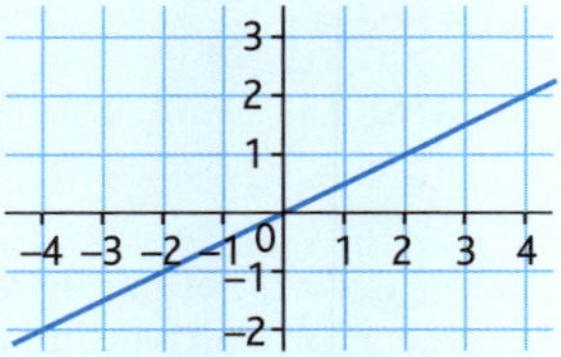

2. Le point de coordonnées (– 4 ; – 2) est sur la droite, donc **l'antécédent de – 2 est – 4.**
Par le calcul, $f(x) = -2$, donc $\frac{1}{2}x = -2$ et $\mathbf{x} = \frac{2}{1} \times (-2) = \mathbf{-4}$.

Fonctions linéaires et pourcentages

Fiche 23

1 Augmentation en pourcentage

• Une **augmentation** de p % correspond à une situation de proportionnalité où le coefficient est (100 + p) %, c'est-à-dire :

$$\frac{100+p}{100}.$$

• On peut donc utiliser la fonction linéaire f définie par :

$$f(x)=\frac{100+p}{100}x.$$

2 Diminution en pourcentage

• Une **diminution** de p % correspond à une situation de proportionnalité où le coefficient est (100 − p) %, c'est-à-dire :

$$\frac{100-p}{100}.$$

• On peut donc utiliser la fonction linéaire f définie par :

$$f(x)=\frac{100-p}{100}x.$$

Exercices types corrigés

EXERCICE 1 Déterminer la fonction linéaire ou la variation de pourcentage.

1. Augmentation de 7 %.
2. Diminution de 12 %.
3. $f : x \mapsto f(x) = 1{,}4\,x$;
4. $f : x \mapsto f(x) = 0{,}96\,x$.

1. $\frac{100+7}{100}=\frac{107}{100}=1{,}07$ donc $\boldsymbol{f : x \mapsto f(x) = 1{,}07\,x}$.

2. $\frac{100-12}{100}=\frac{88}{100}=0{,}88$ donc $\boldsymbol{f : x \mapsto f(x) = 0{,}88\,x}$.

3. Comme $\frac{100+40}{100}=\frac{140}{100}=1{,}4$, c'est une **augmentation de 40 %.**

4. Comme $\frac{100-4}{100}=\frac{96}{100}=0{,}96$, c'est une **diminution de 4 %.**

EXERCICE 2 Le salaire de Paul est de 1 700 €. Il reçoit une augmentation de 5 %.

1. Déterminer la fonction linéaire associée à cette augmentation.

2. Calculer le nouveau salaire de Paul.

3. Yasmine a elle aussi reçu une augmentation de 5 %. Son salaire est maintenant de 2 100 €. **À combien s'élevait le salaire de Yasmine avant son augmentation ?**

1. $\frac{100+5}{100} = \frac{105}{100} = 1{,}05$ donc $\boldsymbol{f : x \mapsto f(x) = 1{,}05\,x}$.

2. Pour calculer le nouveau salaire, il faut calculer l'image de l'ancien.
$f(1\,700) = 1{,}05 \times 1\,700 = 1\,785$.
Le nouveau salaire de Paul est de 1 785 €.

3. C'est un calcul d'antécédent.

On a $f(x) = 1{,}05x = 2\,100$ donc $x = \frac{2100}{1{,}05} = 2\,000$.

L'ancien salaire de Yasmine était de 2 000 €.

EXERCICE 3 Le prix d'un abonnement pour téléphone portable est passé de 19,99 € à 15,99 €.

1. **Quelle est la fonction linéaire associée ?** (On arrondira au centième.)

2. **À quelle diminution de pourcentage est-elle associée ?**

1. On cherche quel est l'antécédent et quelle est l'image.
19,99 est l'ancien prix, donc l'antécédent. 15,99 est l'image.
On a ainsi l'égalité $f(19{,}99) = 15{,}99$ et la fonction linéaire f peut s'écrire :
$f(19{,}99) = 19{,}99a = 15{,}99$,

donc $a = \frac{15{,}99}{19{,}99} \approx 0{,}8$ arrondi au centième.

On a donc $\boldsymbol{f : x \mapsto f(x) = 0{,}8\,x}$.

2. La fonction correspond à une **diminution de 20 %** car :

$\frac{100-20}{100} = \frac{80}{100} = 0{,}8$.

Fonctions affines
Représentation, calculs

1 Fonction affine

- Une fonction est dite **affine** si son expression algébrique est de la forme $\boldsymbol{f(x) = ax + b}$, avec a et b nombres relatifs.
- a est le coefficient directeur de la fonction et on ajoute b au résultat.
- Par une fonction affine, chaque image a un seul antécédent.

2 Représentation graphique

La représentation graphique d'une fonction affine est une **droite**.

ex. : La représentation graphique de $f : x \mapsto f(x) = 2x + 1$ est :

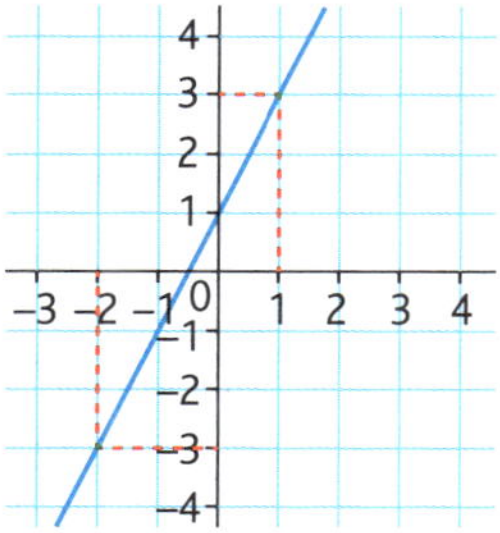

On a bien l'image de 1 qui est 3, soit le point (1 ; 3) et celle de – 2 qui est – 3, donc le point (– 2 ; – 3).

Exercices types corrigés

EXERCICE 1 ***Calculs d'images et d'antécédents***

Soit la fonction $f : x \mapsto f(x) = 3x - 4$.

1. **Calculer l'image de 2 et de (– 5).**
2. **Calculer l'antécédent de 3 et de 0.**

1. $f(2) = 3 \times 2 - 4 = 2$. **L'image de 2 est 2.**
$f(-5) = 3 \times (-5) - 4 = -19$. **L'image de – 5 est – 19.**
2. Pour calculer l'antécédent de 3, on cherche x tel que $f(x) = 3$, donc

$3x - 4 = 3$. Ainsi $3x = 3 + 4 = 7$ et donc $x = \dfrac{7}{3}$.

L'antécédent de 3 par *f* est $\boldsymbol{\dfrac{7}{3}}$.

On cherche x tel que $f(x) = 0$, donc $3x - 4 = 0$.

Ainsi $3x = 4$ et donc $x = \dfrac{4}{3}$. **L'antécédent de 0 par *f* est $\boldsymbol{\dfrac{4}{3}}$.**

EXERCICE 2 *Représenter une fonction affine*

1. Représenter la fonction $f : x \mapsto f(x) = \frac{3}{2}x + 2$.

2. Déterminer graphiquement l'antécédent de – 4.

1. La représentation d'une fonction affine est une droite. Il faut déterminer deux points et donc calculer deux images.

On calcule l'image de 2 :

$$f(2) = \frac{3}{2} \times 2 + 2 = 3 + 2 = 5.$$

Le point (2 ; 5) est sur la courbe.
On calcule l'image de 0 :

$$f(0) = \frac{3}{2} \times 0 + 2 = 2.$$

Le point (0 ; 2) est sur la courbe.

2. Le point de coordonnées (– 4 ; – 4) est sur la droite, donc **l'antécédent de – 4 est – 4.** On a $f(-4) = -4$.

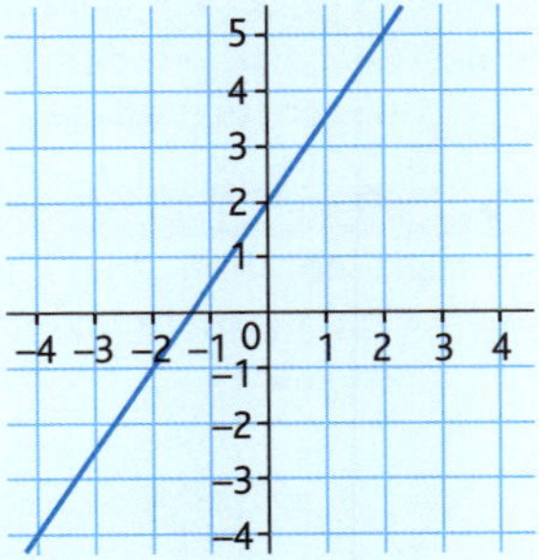

EXERCICE 3 *Situation concrète*

Enzo va au cinéma. On lui propose deux options : tarif A, 6 € la séance ; tarif B, il faut acheter une carte d'abonnement à 10 €, puis on paye 4 € la séance.

1. Trouver les fonctions f et g associées à chaque tarif.

2. Représenter graphiquement ces fonctions. Pour combien de séances les tarifs semblent équivalents ?

1. Tarif A : $\boldsymbol{f(x) = 6x}$.
Tarif B : $\boldsymbol{g(x) = 4x + 10}$.

2. Pour représenter f, on calcule $f(5) = 30$ (représentée en rouge).
Pour g, $g(0) = 10$ et $\boldsymbol{g(10) = 50}$ (représentée en bleu).
Les tarifs semblent équivalents pour 5 séances.

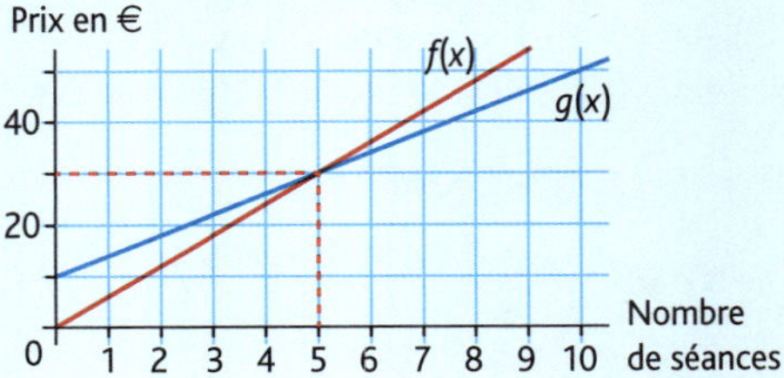

Fonctions linéaires et affines : lien entre calculs et graphiques

1 Coefficients des fonctions linéaire et affine

• Le **coefficient directeur** d'une fonction linéaire ou affine est le nombre a dans l'expression algébrique. Il est aussi appelé la **pente de la droite.**

• Pour le trouver, on choisit deux points sur la droite, on mesure le déplacement horizontal et le déplacement vertical en partant d'un point pour arriver à l'autre.
Le coefficient est le rapport du déplacement vertical par le déplacement horizontal.
Pour $f(x) = ax$ ou $g(x) = ax + b$, on a $\mathbf{a} = \dfrac{\textbf{Déplacement vertical}}{\textbf{Déplacement horizontal}}$.

ex. : **1.**

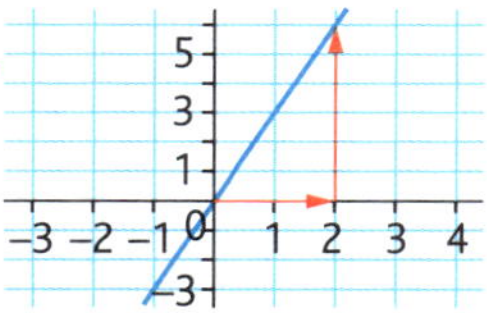

$$a = \frac{\text{Déplacement vertical}}{\text{Déplacement horizontal}} = \frac{6}{2} = 3.$$

La fonction est linéaire on a donc $f(x) = 3x$.
a est positif, la droite monte.

2.

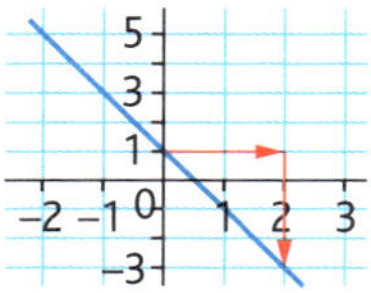

$$a = \frac{\text{Déplacement vertical}}{\text{Déplacement horizontal}} = \frac{-4}{2} = -2.$$

Le coefficient directeur de la fonction affine est – 2.
a est négatif, la droite descend.

2 L'ordonnée à l'origine

• Dans l'expression algébrique d'une fonction affine, b est appelé l'**ordonnée à l'origine.** C'est l'ordonnée du point d'intersection entre la droite qui représente la fonction et l'axe des ordonnées.

• Par le calcul, on trouve b en calculant l'image de 0.
En effet, si $f(x) = ax + b$, alors $f(0) = a \times 0 + b$ donc $f(0) = b$.
Le point $(0 ; b)$ est donc sur la droite représentant la fonction.

Exercices types corrigés

EXERCICE 1 On considère les représentations graphiques suivantes. **Déterminer les expressions algébriques des différentes fonctions.**

1.

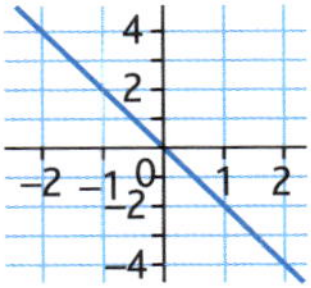

2.

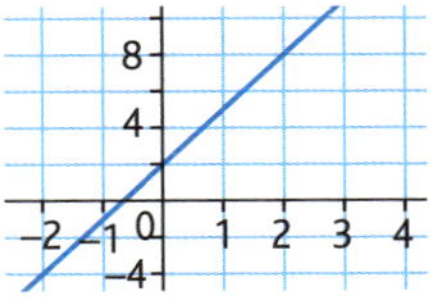

3.

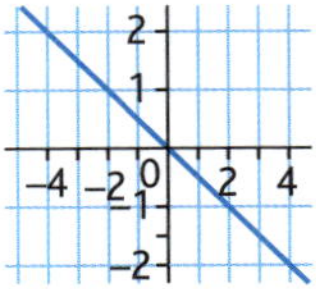

1. f est linéaire car sa droite passe par l'origine.

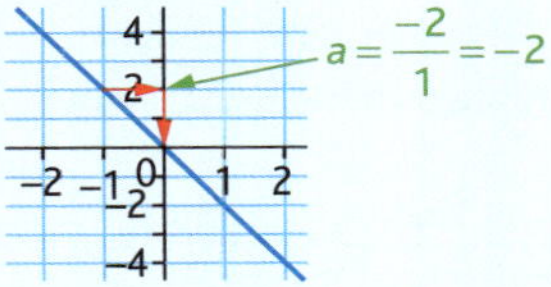

$f(x) = -2x$.

2.

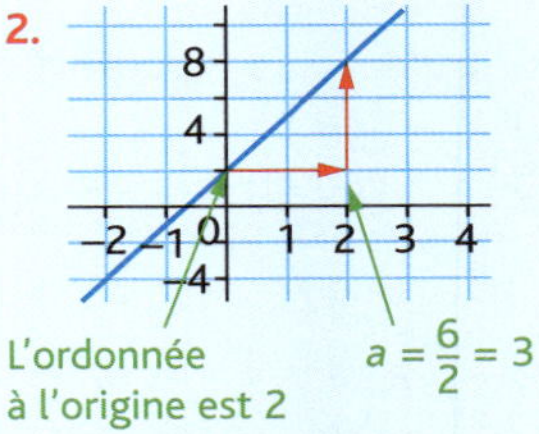

On a donc $f(x) = 3x + 2$.

3.

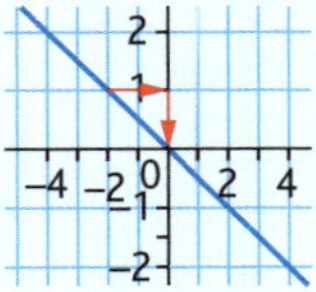

f est linéaire car sa droite passe par l'origine.

$a = \frac{-1}{2} = -0,5$

$f(x) = -0,5x$.

EXERCICE 2 **Représenter en utilisant les propriétés géométriques des coefficients des fonctions linéaires ou affines :**

1. $f : x \mapsto f(x) = 2\,x$.

2. $g : x \mapsto g(x) = \frac{1}{2}x + 1$.

1.

2.

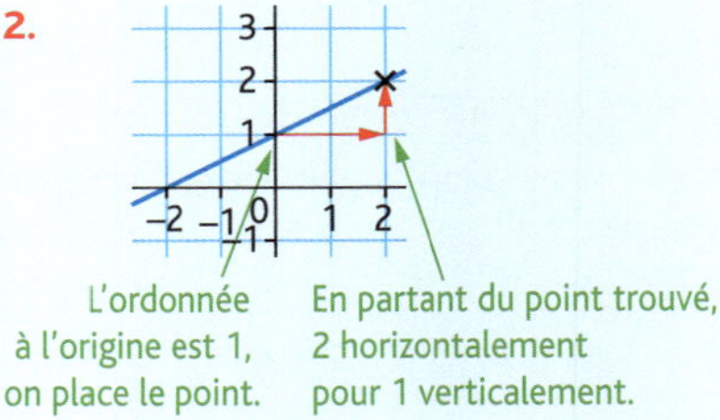

Triangles et angles

Fiche 26

Espace et géométrie

1 Triangles semblables

Deux triangles sont dits semblables s'ils ont les mêmes angles. Les deux triangles *ABC* et *MNO* sont semblables.

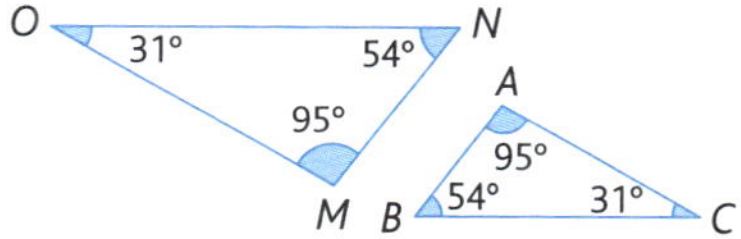

A Propriété

Si deux triangles ont leurs côtés proportionnels, alors ils sont semblables. *Un des triangles est donc une réduction ou un agrandissement de l'autre.*

2 Angles

A Dans un triangle

- Dans un triangle, la somme des angles est de 180°.
- Les angles d'un **triangle équilatéral** étant égaux mesurent chacun 60°.
- Dans un **triangle rectangle**, la somme des deux angles aigus est de 90°.

B Angles alternes internes

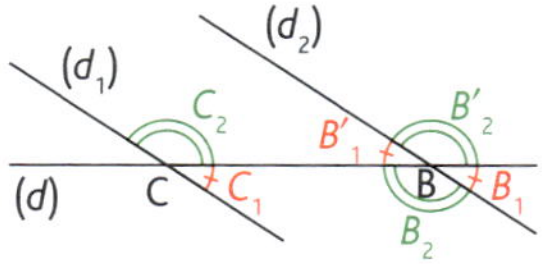

- Deux droites parallèles déterminent des angles alternes-internes et correspondants égaux.
- Si $(d_1) \,//\, (d_2)$, alors les angles **alternes-internes** suivants sont égaux : $\widehat{C_1} = \widehat{B'_1}$ et $\widehat{C_2} = \widehat{B_2}$.

Les angles **correspondants** suivants sont égaux : $\widehat{C_1} = \widehat{B_1}$ et $\widehat{C_2} = \widehat{B'_2}$.

C Caractérisation angulaire du parallélisme

- Si deux angles alternes-internes (ou correspondants) sont égaux, alors les droites qui les définissent sont parallèles.
- Si $\widehat{C_1} = \widehat{B'_1}$ ou $\widehat{C_2} = \widehat{B_2}$ alors,
  on a $(d_1) \,//\, (d_2)$.
  Si $\widehat{C_1} = \widehat{B_1}$ ou $\widehat{C_2} = \widehat{B'_2}$,
  alors on a $(d_1) \,//\, (d_2)$.

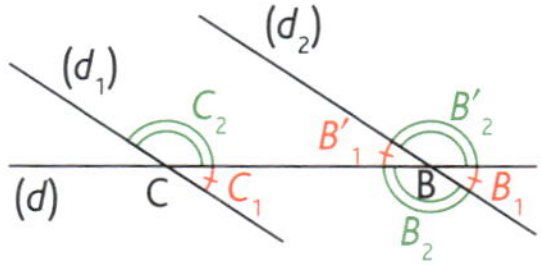

Exercices types corrigés

EXERCICE 1

Les triangles *ABC* et *FGH* sont-ils semblables ?

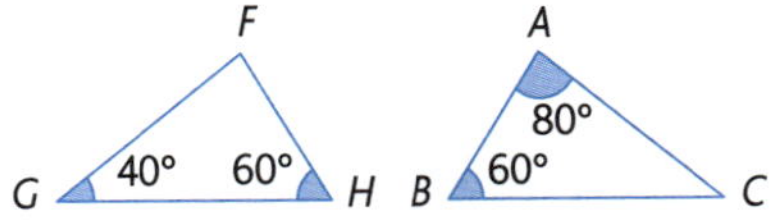

Calculons la mesure de l'angle $\widehat{F}$. On sait que la somme des angles est de 180° dans un triangle donc pour *FGH* on a donc :
$\widehat{F}+\widehat{G}+\widehat{H} = 180$ d'où : $\widehat{F} + 40 + 60 = 180$ et donc $\widehat{F} = 180 - 100 = 80°$.
Par le même raisonnement dans *ABC* on a : $80 + 60 + \widehat{C} = 180$
d'où $\widehat{C} = 180 - 140 = 40°$.
On constate que les angles des deux triangles sont égaux, **les triangles sont donc semblables.**

EXERCICE 2

Calculer les angles du triangle *AMF*, sachant que les droites (*xy*) et (*AF*) sont parallèles et que *AMF* est un triangle isocèle en *F*.

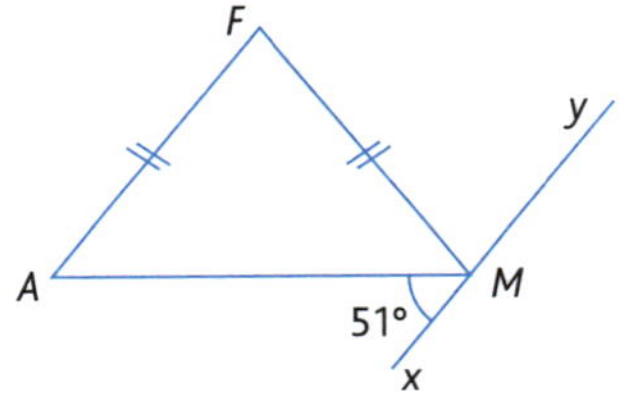

(*AF*) et (*xy*) sont parallèles et (*AM*) est une droite sécante à ces deux droites. Les angles $\widehat{FAM}$ et $\widehat{AMx}$ sont donc alternes-internes et égaux. La mesure de $\widehat{FAM}$ est donc de 51°. Le triangle *FAM* est isocèle en *F*, ses angles à la base sont donc de même mesure. Ainsi $\widehat{FMA}$ mesure 51°. La somme des angles d'un triangle est de 180°, donc : $\boldsymbol{\widehat{AFM} = 180 - (2 \times 51) = 180 - 102 = 78°}$.

EXERCICE 3

RST et *EFG* sont deux triangles tels que : *RS* = 3 cm ; *RT* = 4 cm ; *ST* = 2 cm et *EF* = 4,5 cm ; *FG* = 3 cm ; *EG* = 6 cm.
Ces triangles sont-ils semblables ?

Classer les côtés dans l'ordre croissant pour ensuite en faire les rapports.
ST va avec *FG*, car se sont les plus petits, puis *RS* et *EF*, puis *RT* et *EG*.
On a $\frac{EF}{RS} = \frac{4{,}5}{3} = 1{,}5$; $\frac{FG}{ST} = \frac{3}{2} = 1{,}5$ et $\frac{EG}{RT} = \frac{6}{4} = 1{,}5$ les côtés des triangles sont donc proportionnels, ***RST* et *EFG* sont donc semblables.**

Théorème de Pythagore

1 Théorème de Pythagore

Dans un triangle rectangle, le carré de l'hypoténuse est égal à la somme des carrés des côtés perpendiculaires.

2 Figures clés

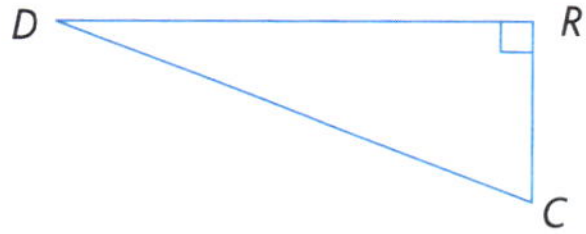

L'hypoténuse est [*DC*]. On a donc :
$DC^2 = DR^2 + RC^2$.

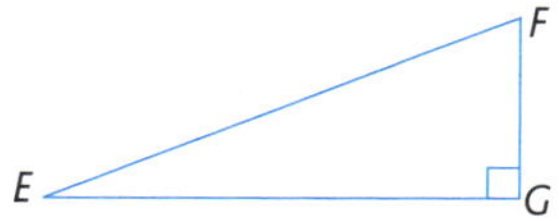

L'hypoténuse est [*EF*]. On a donc :
$EF^2 = FG^2 + EG^2$.

Exercices types corrigés

EXERCICE 1 On considère la figure ci-contre avec : $MB = 15$ cm.

1. Calculer *NP*.

2. Calculer *NB* ; arrondir au millimètre.

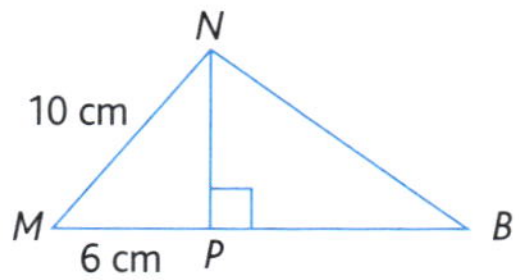

1. **On sait que** le triangle *MNP* est rectangle en *P*.
Donc, d'après le théorème de Pythagore, **on obtient :**
$MN^2 = MP^2 + NP^2$.
$10^2 = 6^2 + NP^2$. Ainsi $NP^2 = 100 - 36 = 64$.
On a calculé un côté perpendiculaire, plus petit que l'hypoténuse ; on a donc fait une soustraction.
Donc $NP = \sqrt{64} = 8$ cm .

2. $PB = 15 - 6 = 9$ cm.
On sait que le triangle *PNB* est rectangle en *P*.
Donc, d'après le théorème de Pythagore, **on obtient :**
$NB^2 = NP^2 + PB^2$.
$NB^2 = 8^2 + 9^2 = 64 + 81 = 145$.
On a calculé l'hypoténuse, le plus grand côté ; on a donc fait une addition.
Donc $NB = \sqrt{145} \approx$ **12 cm .**

EXERCICE 2 On considère la figure ci-contre.

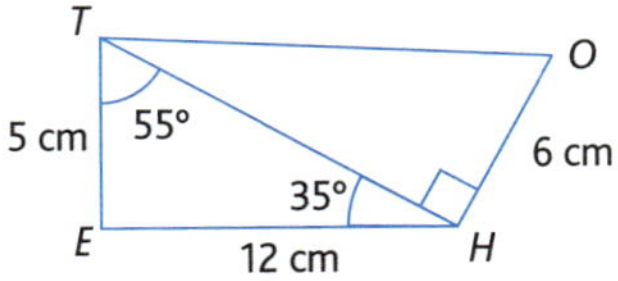

1. Démontrer que le triangle *EHT* est rectangle en *E*.

2. Calculer *TH*.

3. Calculer *TO* ; arrondir au millimètre.

1. La somme des angles d'un triangle est égale à 180°, donc :

$$\widehat{TEH} = 180 - (55 + 35) = 180 - 90 = \mathbf{90°}\ .$$

Le triangle *EHT* est donc rectangle en *E*.

2. **On sait que** le triangle *EHT* est rectangle en *E*.
Donc, d'après le théorème de Pythagore, **on obtient :**
$TH^2 = TE^2 + EH^2$.
$TH^2 = 5^2 + 12^2 = 25 + 144 = 169$.
Donc $\boldsymbol{TH} = \sqrt{169} = \mathbf{13\ cm}$.

3. **On sait que** le triangle *OTH* est rectangle en *H*.
Donc, d'après le théorème de Pythagore, **on obtient :**
$TO^2 = TH^2 + OH^2$.
$TO^2 = 13^2 + 6^2 = 169 + 36 = 205$.
Donc $\boldsymbol{TO} = \sqrt{205} \approx \mathbf{14{,}3\ cm}$.

EXERCICE 3 *Avec un tableur*

1. Que calcule le tableur dans la cellule C1 ?

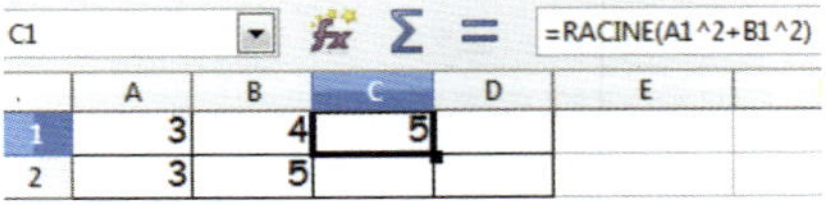

2. On veut que la cellule D1 soit la valeur d'un côté perpendiculaire dans un triangle rectangle, avec en B1 l'hypoténuse et en A1 l'autre côté perpendiculaire.
Quelle est la formule à taper ? Quelle valeur trouve-t-on ?

3. On fait copier-coller des cellules C1 et D1 vers les cellules C2 et D2.
Quelles sont les formules obtenues dans chaque cellule ?
Quelles sont les valeurs ?

1. La cellule C1 donne la valeur de l'hypoténuse d'un triangle rectangle quand on connaît les deux côtés perpendiculaires.

2. On doit taper en D1 : = **RACINE(B1^2-A1^2).**
On trouve $\sqrt{(16-9)} = \sqrt{7} \approx \mathbf{2{,}65}$.

3. En **C2**, on obtient = **RACINE(A2^2+B2^2)**
et en **D2** : = **RACINE(B2^2-A2^2)**
C2 = $\sqrt{(9+25)} = \sqrt{34} \approx \mathbf{5{,}83}$ et **D2** = $\sqrt{(25-9)} = \sqrt{16} = \mathbf{4}$.

Théorème de Thalès

1 Théorème de Thalès

Soient deux triangles ABC et AMN tels que :

$M \in (AB)$; $N \in (AC)$ et $(BC) \mathbin{//} (MN)$, alors $\dfrac{AB}{AM} = \dfrac{AC}{AN} = \dfrac{BC}{MN}$.

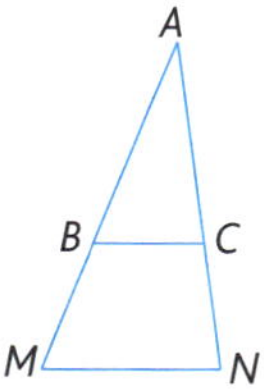

ou bien

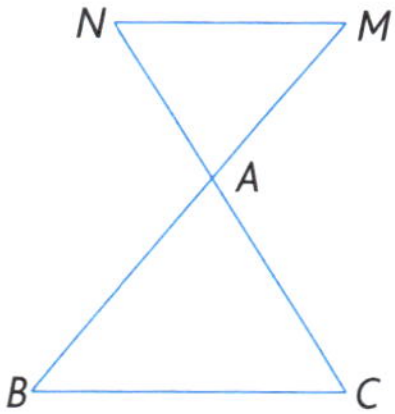

On met au numérateur les côtés de ABC et, au dénominateur, les côtés correspondants de AMN. Les côtés des deux triangles sont proportionnels.

2 Figures clés

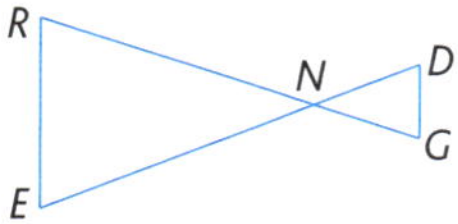

$$\frac{RN}{NG} = \frac{EN}{ND} = \frac{ER}{DG}$$

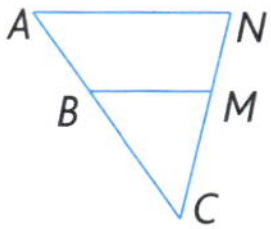

$$\frac{CB}{CA} = \frac{CM}{CN} = \frac{BM}{AN}$$

Exercices types corrigés

EXERCICE 1

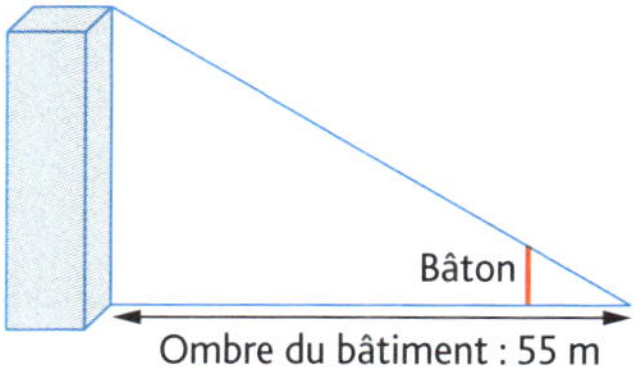

On veut mesurer la hauteur d'un immeuble. Pour cela, on mesure l'ombre du bâtiment : elle fait 55 m. On place un bâton de 2 m de hauteur perpendiculairement au sol et on mesure l'ombre de ce bâton ; on trouve alors 2,5 m.

1. Faire un schéma simplifiant les données.
2. **Démontrer que le bâton et l'immeuble sont parallèles.**
3. **Calculer la hauteur de l'immeuble.**

1. 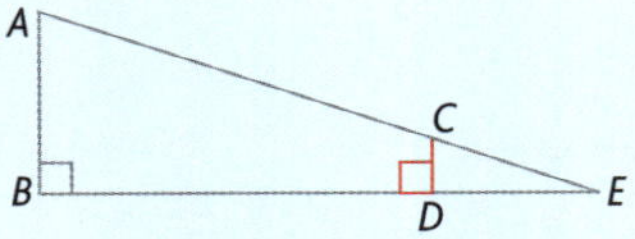

Avec [AB] l'immeuble et [CD] le bâton.

2. $(AB) \perp (BD)$; $(CD) \perp (BD)$.
Quand deux droites sont perpendiculaires à une même troisième, ces deux droites sont parallèles, donc $(AB) // (CD)$.
3. **On sait que** $A \in (EC)$; $B \in (ED)$ et $(AB) // (CD)$.
Donc, d'après le théorème de Thalès,

on obtient : $\frac{EC}{EA} = \frac{ED}{EB} = \frac{CD}{AB}$, d'où $\frac{2,5}{55} = \frac{2}{AB}$.

On utilise le produit en croix : $AB = \frac{2 \times 55}{2,5} = 44$.

L'immeuble mesure donc 44 mètres.

EXERCICE 2 Cédric met un disque de 26 mm de diamètre à 2,80 m de son œil. Il peut ainsi masquer parfaitement la Lune.
Sachant que le rayon de la Lune est de 1 737 km, calculer la distance Terre-Lune arrondie au km.

Diamètre de la Lune :
$1\,737 \times 2 = 3\,474$ km.
On sait que $F \in (OD)$; $G \in (OE)$ et $(DE) // (FG)$.
Donc, d'après le théorème de Thalès,

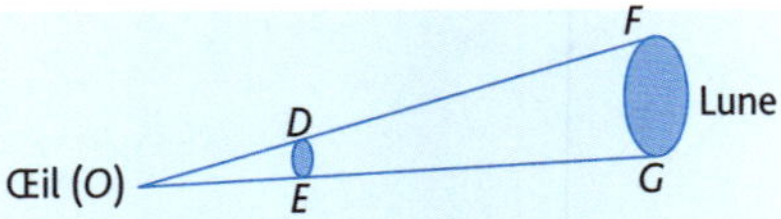

On convertit les distances en mètres.

on obtient $\frac{OD}{OF} = \frac{OE}{OG} = \frac{DE}{FG}$, d'où $\frac{2,8}{OG} = \frac{0,026}{3\,474\,000}$.

On utilise le produit en croix :

$$OG = \frac{2,8 \times 3\,474\,000}{0,026} \approx 374\,123\,077 \text{ m.}$$

La distance Terre-Lune est donc approximativement de 374 123 km.

Réciproque de Pythagore et de Thalès

Fiche 29

Espace et géométrie

1 Un triangle est-il rectangle ?

A Réciproque du théorème de Pythagore

Si, dans un triangle, le carré du plus grand côté est égal à la somme des carrés des autres côtés, **alors** ce triangle est rectangle.

B Application

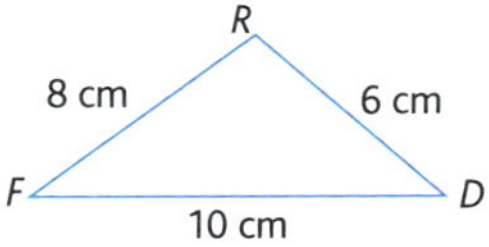

On donne :
Le triangle *DRF* est-il rectangle ?
Le plus grand côté est [*FD*].
On calcule séparément :
$FD^2 = 10^2 = 100$ et $FR^2 + RD^2 = 6^2 + 8^2 = 100$.
On a $FD^2 = FR^2 + RD^2$.
Donc, d'après la réciproque du théorème de Pythagore, le triangle *FRD* est rectangle en *R*. *[FD] est seul dans l'égalité, c'est l'hypoténuse. Le triangle est donc rectangle en R.*

2 Deux droites sont-elles parallèles ?

A Réciproque du théorème de Thalès

Si les points *A*, *B* et *M* d'une part et *A*, *C* et *N* d'autre part, sont alignés dans le même ordre et si $\frac{AB}{AM} = \frac{AC}{AN}$, **alors** les droites (*BC*) et (*MN*) sont parallèles.
(Même ordre signifie que si A est entre B et M, alors A sera entre C et N.)

B Application

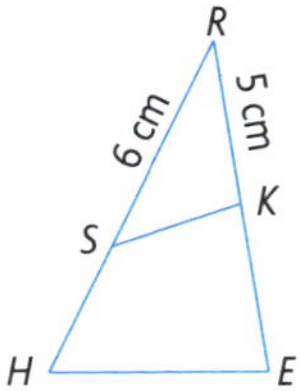

On donne : *RH* = 13 cm et *RE* = 11 cm.
(*SK*) et (*HE*) sont-elles parallèles ?
On calcule séparément :

$\frac{RS}{RH} = \frac{6}{13}$ et $\frac{RK}{RE} = \frac{5}{11}$.

Comme $6 \times 11 = 66$ et $5 \times 13 = 65$ *(on a fait les produits en croix)*, on a $\frac{RS}{RH} \neq \frac{RK}{RE}$. **Donc** d'après le théorème de Thalès, les droites (*SK*) et (*HE*) ne sont pas parallèles.
Quand on n'obtient pas l'égalité, c'est le théorème qui permet de conclure que les droites ne sont pas parallèles.

Exercices types corrigés

On considère le rectangle *ABCE* et les points définis par la figure :

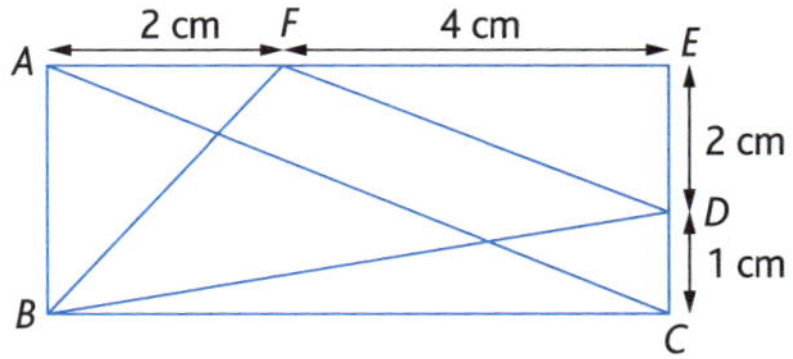

1. Calculer les valeurs exactes de *BD*, *BF* et *FD*.

2. Le triangle *BFD* est-il rectangle ?

3. Les droites (*AC*) et (*FD*) sont-elles parallèles ?

1. *ABCE* est un rectangle, donc $BC = AE$ et $AE = 4 + 2 = 6$ cm, donc $BC = 6$ cm.
On sait que le triangle *BCD* est rectangle en *C*. Donc, d'après le théorème de Pythagore, on obtient $BD^2 = BC^2 + DC^2$.
$BD^2 = 6^2 + 1^2$. Ainsi $BD^2 = 36 + 1 = 37$.
Donc $\mathbf{BD = \sqrt{37}}$ **cm.**
De même, dans *DEF* rectangle en *E*, on obtient :
$FD^2 = 4^2 + 2^2 = 16 + 4 = 20$, donc $\mathbf{FD = \sqrt{20}}$ **cm.**
De même, dans *ABF* rectangle en *A*, on obtient :
$BF^2 = 3^2 + 2^2 = 9 + 4 = 13$, donc $\mathbf{BF = \sqrt{13}}$ **cm.**

2. Le plus grand côté est [*BD*]. On calcule séparément :
$BD^2 = 37$ et $FD^2 + BF^2 = 20 + 13 = 33$.
On a $BD^2 \neq FD^2 + BF^2$.
Donc, d'après le théorème de Pythagore, le **triangle *BDF* n'est pas rectangle**.

3. On se place dans la configuration avec les triangles *EFD* et *EAC*.
On calcule séparément : $\frac{EF}{EA} = \frac{4}{6}$ et $\frac{ED}{EC} = \frac{2}{3}$.
Comme $4 \times 3 = 12$ et $6 \times 2 = 12$, on a $\frac{EF}{EA} = \frac{ED}{EC}$ et les points sont alignés dans le même ordre.
Donc, d'après la réciproque du théorème de Thalès, **les droites (*FD*) et (*AC*) sont parallèles.**

Trigonométrie

Fiche 30

1 Dans un triangle rectangle

Pour nommer les côtés, on peut mémoriser les abréviations suivantes :

- côté Opposé : Op ;
- côté Adjacent : Ad ;
- Hypoténuse : Hy.

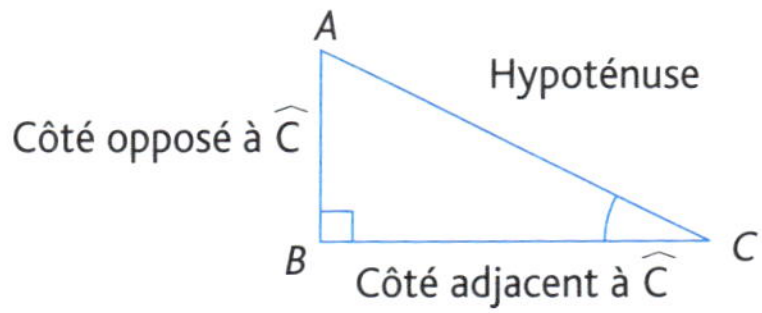

2 Relations trigonométriques dans le triangle rectangle

- Dans le triangle *ABC* rectangle en *B*, on a les égalités suivantes :

$$\sin \widehat{C} = \frac{\text{opposé à } \widehat{C}}{\text{hypoténuse}} = \frac{AB}{AC} = \frac{\text{Op}}{\text{Hy}} \quad \left(\sin = \frac{\text{Op}}{\text{Hy}} \text{ ; mémoriser SOH}\right)$$

$$\cos \widehat{C} = \frac{\text{adjacent à } \widehat{C}}{\text{hypoténuse}} = \frac{BC}{AC} = \frac{\text{Ad}}{\text{Hy}} \quad \left(\cos = \frac{\text{Ad}}{\text{Hy}} \text{ ; mémoriser CAH}\right)$$

$$\tan \widehat{C} = \frac{\text{opposé à } \widehat{C}}{\text{adjacent à } \widehat{C}} = \frac{AB}{BC} = \frac{\text{Op}}{\text{Ad}} \quad \left(\tan = \frac{\text{Op}}{\text{Ad}} \text{ ; mémoriser TOA}\right)$$

- Pour retenir ces égalités, il suffit de se dire « SOH CAH TOA ».

Exercices types corrigés

EXERCICE 1 Calculer la longueur *EF*.
Arrondir au millimètre près.

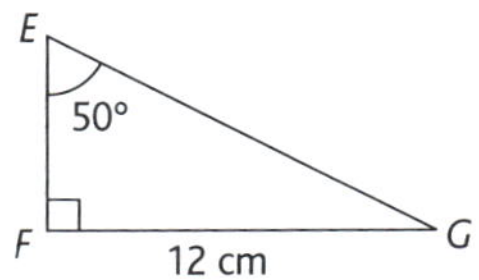

On nomme les côtés par rapport à l'angle $\widehat{E}$.
On choisit les deux côtés utilisés : Op est donné et *Ad* est demandé.
On utilise alors *TOA* donc **tan**.

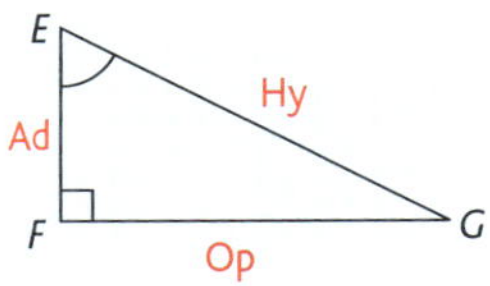

EFG est un triangle rectangle :

$\tan(\widehat{E}) = \dfrac{FG}{EF}$; $\dfrac{\tan(50)}{1} = \dfrac{12}{EF}$

et donc $\boldsymbol{EF} = \dfrac{12 \times 1}{\tan(50)} \approx \mathbf{10{,}1\,cm}$.

Pour calculer tan(50), utiliser la calculatrice.
On trouve $\tan(50) \approx 1{,}19$.

EXERCICE 2 **Calculer la mesure de l'angle $\widehat{RST}$.** Arrondir au degré près.

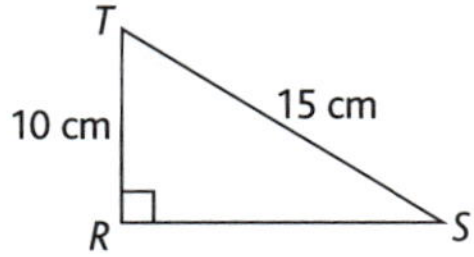

On nomme les côtés par rapport à l'angle demandé, ici $\widehat{RST}$.
On choisit les deux côtés utilisés : Op est donné et Hy est donné.
On utilise donc *SOH*, d'où **sin.**

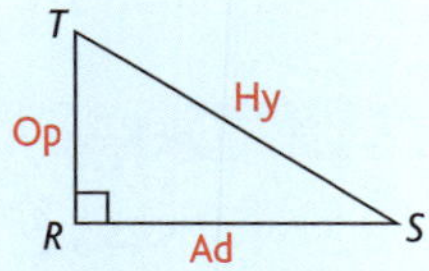

RST est un triangle rectangle, d'où $\sin(\widehat{S}) = \dfrac{TR}{ST} = \dfrac{10}{15}$.

Utiliser la calculatrice, touche **shift** ou **2nde** (touche en haut à gauche), puis **sin.**
On obtient : arc sin(10 ÷ 15) ou $\sin^{-1}(10 \div 15)$. $\widehat{\boldsymbol{RST}} \approx \mathbf{42°}$

EXERCICE 3 Avec la figure ci-contre, **calculer l'angle** $\widehat{MOK}$.

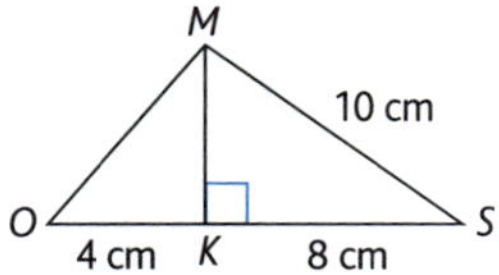

Il manque une longueur dans *MOK* pour calculer l'angle, il faut donc obtenir *MK* dans le triangle *MKS*.
Dans le triangle *MKS* rectangle en *K*, on utilise le théorème de Pythagore : $MS^2 = MK^2 + KS^2$. $100 = MK^2 + 64$ donc $MK^2 = 100 - 64 = 36$ et $MK = \sqrt{36} = 6$ cm.

On peut maintenant nommer les côtés du triangle *MOK*, l'angle étant en $\widehat{MOK}$: *MK* est le côté opposé, *OK* est l'adjacent et *MO* est l'hypoténuse.
On choisit *MK* et *OK* qui sont connus, on a Op et Ad, donc *TOA*, d'où **tan.**

$\tan(\widehat{O}) = \dfrac{MK}{OK} = \dfrac{6}{4}$.

Utiliser la calculatrice, touche **shift** ou **2nde**, puis **tan :**

arc tan(6 ÷ 4) ou $\tan^{-1}(6 \div 4)$. $\widehat{\boldsymbol{MOK}} \approx \mathbf{56°}$.

Rotation et translation

Fiche 31

Espace et géométrie

1 Translation

• La translation de *A* vers *B* fait « glisser » une figure parallèlement à un (*AB*), dans le même sens (de *A* vers *B*) et sur la même longueur.

Pour obtenir l'image de ABC par la translation de D vers E, on fait glisser chaque point parallèlement à (DE), sur la même longueur et dans le même sens.

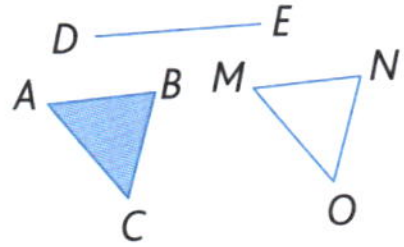

• L'image de *ABC* par la translation de *D* vers *E* est *MNO*. Les deux triangles sont **égaux**.

• Construire l'image de *ABFC* par la translation de *K* vers *I*.
Le quadrilatère image *TUWV* a été obtenu en « glissant » *ABFC* le long de [*KI*].

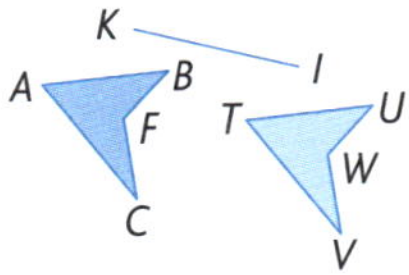

2 Rotation

• Une rotation de centre *O* et d'angle *a* dans le sens inverse des aiguille d'une montre, fait tourner la figure autour du point *O*.

Pour obtenir l'image de ABC par la rotation de centre O et d'angle 50° dans le sens inverse des aiguilles d'une montre, on fait tourner ABC autour de O de 50° dans le sens demandé. On obtient ainsi A'B'C'.

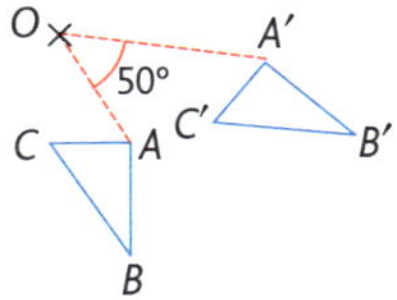

• Au final, le triangle a tourné de 50°, ses mesures et angles restent les mêmes, **les triangles sont égaux.**

Exercices types corrigés

EXERCICE 1 On considère la figure ci-contre où les triangles sont équilatéraux.

1. **Expliquer pourquoi l'image de *AEC* par la rotation de centre *A* et d'angle 60° dans le sens inverse des aiguilles d'une montre est *ABC*.**

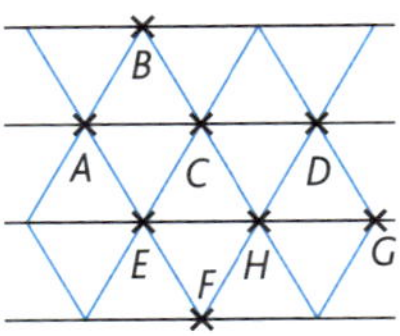

2. Expliquer pourquoi l'image de *EFH* par la translation de *C* vers *B* est *AEC*.
3. Déterminer l'image de *F* par la rotation de centre *A* et d'angle 60° dans le sens inverse des aiguilles d'une montre.
4. Déterminer l'image de *E* par la rotation de centre *C* et d'angle 120° dans le sens des aiguilles d'une montre.
5. Déterminer l'image de *ABC* par la translation de *B* vers *D*.

1. Les triangles étant équilatéraux, leurs angles sont égaux à 60° et leurs côtés sont de même longueur. On a donc $\widehat{EAC} = 60°$. Donc l'image de *AEC* par la rotation de centre *A* et d'angle 60° dans le sens inverse des aiguilles d'une montre est bien *ABC*.
2. Les droites (*BC*) et (*FE*) sont sécantes avec (*AB*) et forment un angle de 60°. Les deux angles alternes-internes sont égaux, on a donc (*BC*) et (*FE*) qui sont parallèles et *EF* = *CB*. Donc l'image de *EFH* par la translation est bien *AEC*.
3. On a $\widehat{FAD} = 60°$ et *AF* = *AD* (deux fois le côté du triangle équilatéral). Donc l'image de *F* par la rotation de centre *A* et d'angle 60° dans le sens inverse des aiguilles d'une montre est *D*.
4. On a $\widehat{ECB} = 120°$ (deux fois l'angle du triangle équilatéral) et *CE* = *CB*. **Donc l'image de *E* par la rotation de centre *C*, d'angle 120° dans le sens horaire est *B*.**
5. **L'image de *ABC* par la translation de *B* vers *D* est le triangle *DGH*.**

EXERCICE 2 On considère la figure ci-dessous où les triangles sont équilatéraux et les quadrilatères sont des carrés ayant le même côté que le triangle.

1. Expliquer pourquoi l'image de *C* par la rotation de centre *K* et d'angle 90° dans le sens anti-horaire est *F*.
2. Déterminer l'image de *A* par la translation de *C* vers *M*.
3. Déterminer la transformation telle que l'image de *C* soit *A*.
4. Déterminer la transformation telle que l'image de *MNO* soit *KCA*.

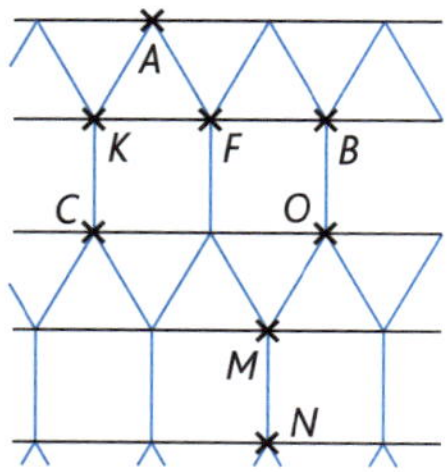

1. On a des carrés, donc $\widehat{CKF} = 90°$ dans le sens inverse des aiguilles d'une montre et *KC* = *KF*. Donc l'image de *C* par la rotation de centre *K* et d'angle 90° est bien *F*.
2. L'image de *A* par la translation qui transforme *C* en *M* est ***B***.
3. On a $\widehat{CKA} = 150°$, car 60 + 90 = 150 et *KC* = *KA*. Donc la transformation est la **rotation de centre *K* et d'angle 150°.**
4. La transformation est la **translation qui transforme *O* en *A*.**

Symétrie centrale, symétrie axiale et homothétie

Fiche 32

Espace et géométrie

1 Symétrie centrale

L'image d'un point M par la **symétrie de centre O** est le point M' tel que O soit le milieu de $[MM']$.

ex. : On construit A', image de A par la symétrie de centre O.

2 Symétrie axiale

L'image d'un point M par la **symétrie d'axe (d)** est le point M', tel que (d) soit la médiatrice de $[MM']$.

ex. : On construit l'image de B par la symétrie d'axe (d).
On trace la perpendiculaire à (d) passant par B, puis on reporte la distance de B à (d) pour que (d) soit la médiatrice de [BB'].

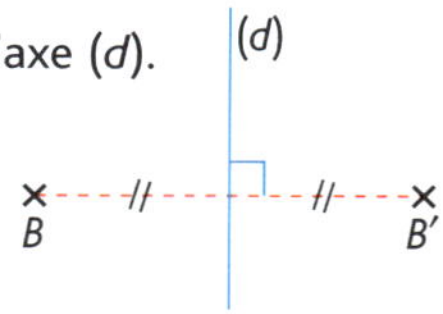

3 Homothétie

- Une homothétie de centre O et de rapport k est une transformation géométrique correspondant à un agrandissement ou à une réduction de coefficient la partie numérique de k (on ne prend pas le signe en compte).

- Si le rapport est positif, l'image est du même côté du centre que la figure de base.

- Si le rapport est négatif, l'image n'est pas du même côté du centre que la figure de base.

On est face à des configurations de Thalès de sommet le centre de l'homothétie, les triangles sont donc semblables.

$A'B'C'$ est l'image de ABC par l'homothétie de centre D et de rapport $-0{,}5$.
Les longueurs de $A'B'C'$ sont multipliées par 0,5, c'est-à-dire divisées par 2. Le rapport est négatif donc $A'B'C'$ n'est pas du même côté que ABC par rapport au centre D.

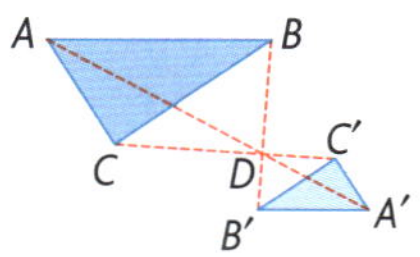

$A'B'C'$ est l'image de ABC par l'homothétie de centre O et de rapport 3.
Les longueurs de $A'B'C'$ sont multipliées par 3. Le rapport est positif donc $A'B'C'$ est du même côté que ABC par rapport au centre O.

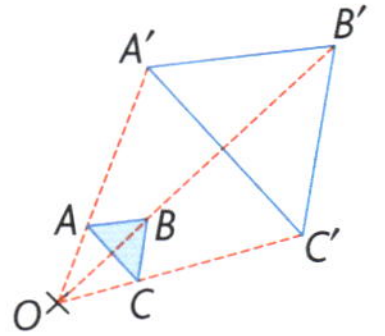

Exercices types corrigés

EXERCICE 1 Le triangle $AE'F'$ est l'image du triangle AEF par l'homothétie de centre A et de rapport $-1{,}5$.

1. Montrer que les droites (EF) et ($E'F'$) sont parallèles.

2. Calculer $E'F'$, sachant que $EF = 2$ cm.

1. Comme $AE'F'$ est l'image de AEF par une homothétie de rapport $-1{,}5$: on a $AE' = 1{,}5 \times AE$ et donc $\frac{AE'}{AE} = 1{,}5$ et de même $\frac{AF'}{AF} = 1{,}5$.

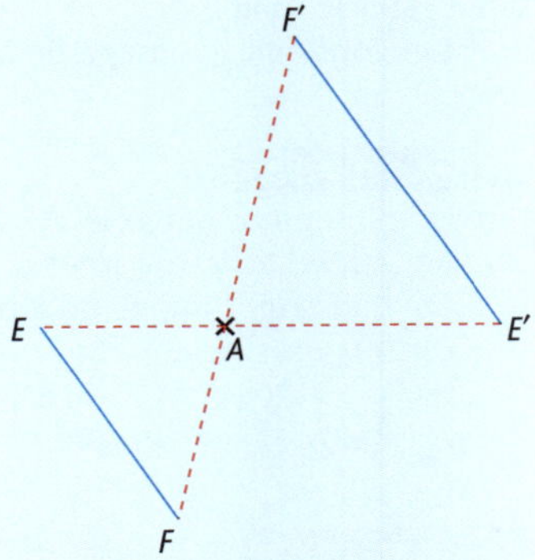

On a bien pris la partie numérique de $-1{,}5$, on ne tient pas compte du signe quand on calcule.

Ainsi $\frac{AE'}{AE} = \frac{AF'}{AF}$ et les points sont alignés dans le même ordre.

Donc d'après la réciproque de Thalès, les droites (EF) et ($E'F'$) sont parallèles.

2. Comme $AE'F'$ est l'image de AEF par une homothétie de rapport $-1{,}5$: on a $E'F' = 1{,}5 \times EF$.

On calcule : $E'F' = 1{,}5 \times 2 =$ **3 cm**.

EXERCICE 2 **Répondez par Vrai ou Faux ?**

1. La figure 1 a pour image la figure 4 par la symétrie d'axe (d_3).
2. La figure 1 a pour image la figure 2 par la symétrie d'axe (d_1).
3. La figure 2 a pour image la figure 3 par la symétrie d'axe (d_2).
4. La figure 1 a pour image la figure 3 par la symétrie de centre O.
5. La figure 4 a pour image la figure 2 par la symétrie de centre O.
6. La figure 3 a pour image la figure 4 par la symétrie d'axe (d_1).

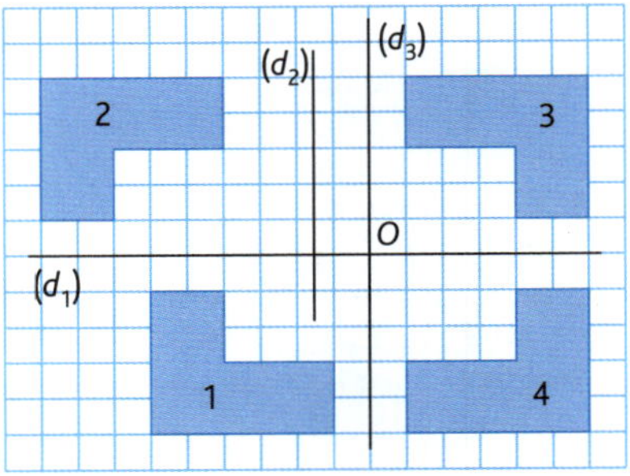

1. Vrai. 2. Faux, il y a un décalage. 3. Vrai.
4. Vrai. 5. Faux. 6. Vrai.

Parallélépipède rectangle

Fiche 33

Espace et géométrie

1 Définitions

• Un **parallélépipède rectangle** ou **pavé droit** est un solide (figure en trois dimensions) dont les faces sont des rectangles. Deux faces consécutives sont perpendiculaires, deux faces opposées sont parallèles. Ici, les **sommets** sont A, B, C, D, E, F, G, H…

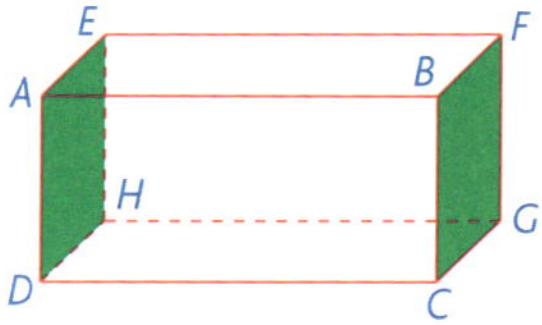

• Une **arête** est un segment joignant deux sommets.
Ici, [AD], [BC], [CG]…

• Les **faces** opposées sont des rectangles superposables.
Ici, *AEHD* et *BFGC* ont les mêmes dimensions.

• Un parallélépipède possède 8 **sommets**, 6 **faces** et 12 **arêtes**.

2 Patron

Le **patron d'un parallélépipède rectangle** est une figure, qui permet de fabriquer un parallélépipède rectangle.

ex. : La figure ci-contre est un patron de parallélépipède rectangle. Si on la replie suivant les segments, les faces opposées sont superposables.
Il faut aussi vérifier que les largeurs des rectangles 1 et 3 soient les mêmes, sinon, le patron ne serait pas juste.

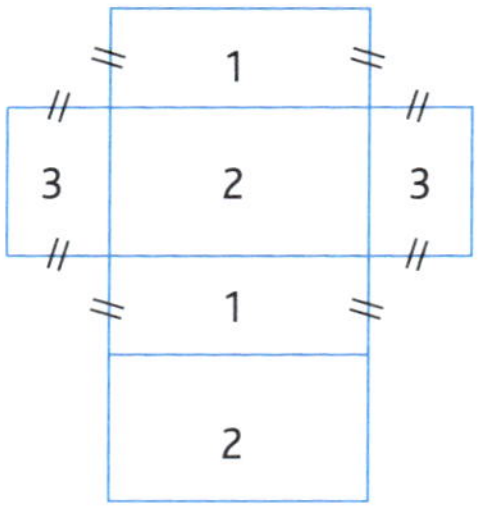

Exercices types corrigés

EXERCICE 1 *Repérer des patrons*

Parmi les figures suivantes, quelles sont celles qui représentent le patron d'un pavé droit ?

1.

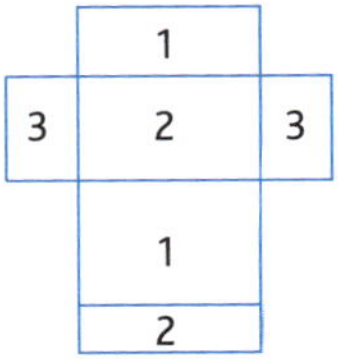

2.

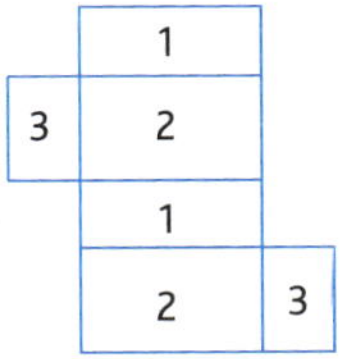

3.

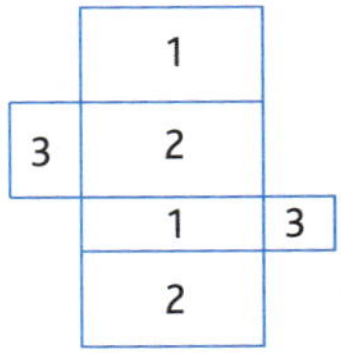

1. La figure ne représente pas un patron car les faces ne sont pas superposables deux à deux.
2. La figure représente un patron, toutes les faces sont superposables deux à deux, et coïncident si on plie suivant les segments.
3. La figure ne représente pas un patron. En effet, les deux faces 3 (par exemple) ne sont pas superposables.

EXERCICE 2 *Calculer longueur et angle*

On considère le pavé droit suivant :

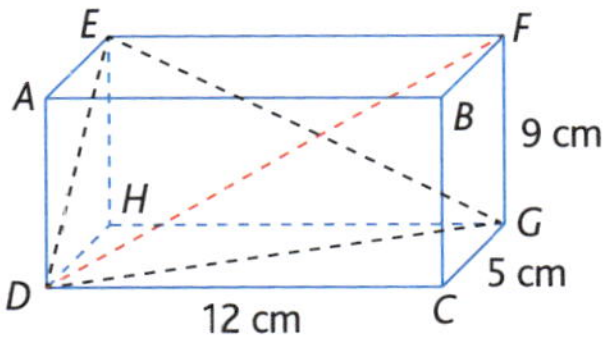

1. Calculer *DG*.
2. Calculer la mesure de l'angle $\widehat{FDG}$, arrondie au degré.
3. Le triangle *EDG* est-il rectangle ?

1. On sait que le triangle *DCG* est rectangle en *C*. Donc, d'après le théorème de Pythagore, on obtient $DG^2 = CD^2 + CG^2$.
$DG^2 = 12^2 + 5^2$. Ainsi $DG^2 = 144 + 25 = 169$.
Donc $\mathbf{DG = \sqrt{169} = 13}$ **cm.**
2. *FDG* est rectangle en *G*.
On connaît Ad et Op, donc tan.

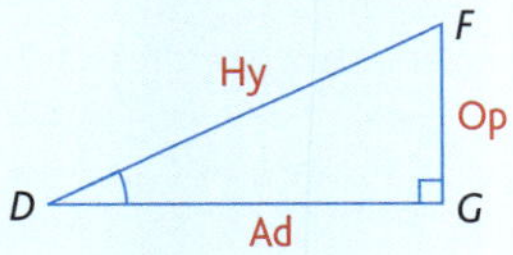

$\tan(\widehat{D}) = \dfrac{FG}{DG} = \dfrac{9}{13}$, d'où $\widehat{FDG} \approx 35°$.

3. Il faut calculer ED^2 et EG^2. On utilise le théorème de Pythagore dans les triangles *EAD* rectangle en *A* et *EFG* rectangle en *F*.
$ED^2 = 5^2 + 9^2 = 25 + 81 = 106$ et $EG^2 = 12^2 + 9^2 = 144 + 81 = 225$.
On a donc $EG^2 = 225$ et $ED^2 + DG^2 = 106 + 169 = 275$.
Donc $EG^2 \neq ED^2 + DG^2$.
Ainsi, d'après le théorème de Pythagore, **le triangle *EDG* n'est pas rectangle.**

Sphère

1 Sphère

Une **sphère,** de centre *O* et de rayon *r*, est constituée de l'ensemble des points de l'espace qui sont situés à la distance *r* de *O*.

ex. : Les points *A*, *B* et *M* sont sur la sphère de centre *O*, donc on a :
OM = *OA* = *OB* = rayon.
Attention aux effets de perspective : A, B et M sont bien à la même distance de O.

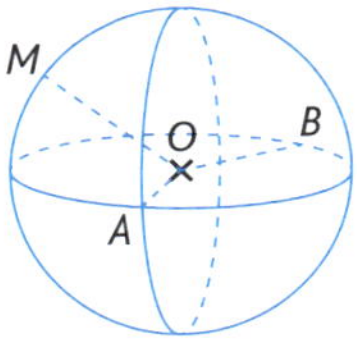

2 Positions géographiques

- **Méridien** : cercle imaginaire, passant par les deux pôles de la Terre.
- **Parallèle** : cercle imaginaire, parallèle à l'équateur.

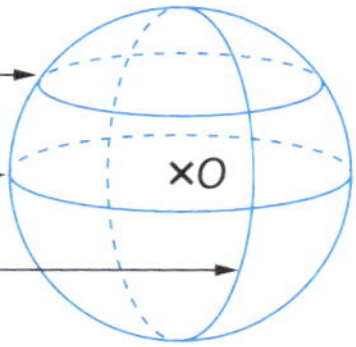

- **Longitude** : Angle formé par le méridien d'un lieu avec le méridien de Greenwich (proche de Londres) et compté jusqu'à 180° vers l'ouest et 180° vers l'est.
Ici, la mesure de l'angle $\widehat{AOB}$ est la longitude du point *B*, et de tous les points situés sur le méridien contenant *B*.

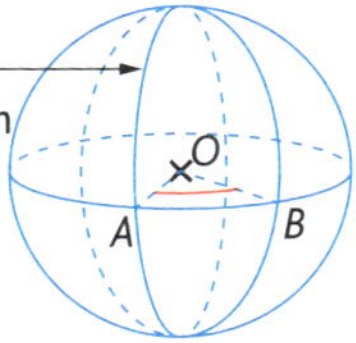

- **Latitude** : Angle formé par le parallèle d'un lieu avec l'équateur et compté jusqu'à 90° vers le nord et 90° vers le sud.
Ici, la mesure de l'angle $\widehat{AOB}$ est la latitude du point *B*, et de tous les points situés sur le parallèle contenant *B*.

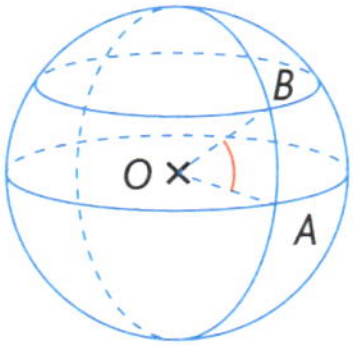

ex. : Les coordonnées de Paris sont 48,85° Nord et 2,35° Est, c'est-à-dire qu'il y a un angle de 48,85° entre l'équateur et Paris et un angle de 2,35° entre Greenwich et Paris.

Exercices types corrigés

EXERCICE 1 **1. Sur quel parallèle est située la ville de Sydney (Australie) dont les coordonnées sont 34° Sud et 151° Est ?**
2. Sur quel méridien est située la ville de Las Vegas (États-Unis) dont les coordonnées sont 36° Nord et 115° Ouest ?

1. Sydney est sur le **34e parallèle** au sud de l'équateur.
2. Las Vegas est situé sur le **115e méridien** à l'ouest de Greenwich.

EXERCICE 2 **Calculer le rayon du 45e parallèle.**

Il faut calculer la distance HB.
L'angle $\widehat{AOH}$ mesure 90° et $\widehat{AOB}$ mesure 45°, donc $\widehat{HOB} = 45°$.
Dans BOH rectangle en H, $[OB]$ est l'hypoténuse, $[HB]$ le côté opposé, donc $\sin(BOH) = \frac{HB}{OB}$ et

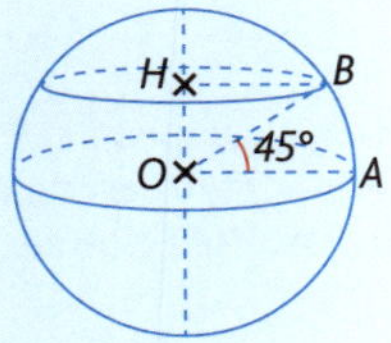

$HB = 6\,370 \times \sin(45) \approx 4\,504$ km.
Le rayon du 45e parallèle est environ 4 504 km.

EXERCICE 3 On considère que le rayon de la Terre est de 6 370 km.
La latitude de Moscou (Russie) est de 55,75° Nord et sa longitude 37,6° Est.
1. Calculer la longueur de l'équateur et des méridiens.
2. Calculer la distance entre Moscou et l'équateur.
3. Calculer la distance entre Moscou et le méridien de Greenwich.

1. Les longueurs des méridiens et de l'équateur sont identiques, car on assimile la Terre à une sphère. Cette longueur est obtenue en calculant le périmètre du cercle de rayon 6 370 km :
$P = 2 \times \pi \times R \approx 2 \times 3{,}14 \times 6\,370 \approx 40\,003$ km.
2. La distance entre Moscou et l'équateur est une partie de méridien. Il y a proportionnalité entre l'angle et la distance parcourue sur le méridien.
On a donc le tableau de proportionnalité suivant :

Angle	360	55,75
km	40 003	d

Donc $d = \frac{55{,}75 \times 40\,003}{360} \approx 6\,195$ km.

La distance entre Moscou et l'équateur est de 6 195 km.
3. Par le même raisonnement que dans l'exercice 2, on trouve que le rayon du parallèle 55,75 est $6\,370 \times \sin(34{,}25) \approx 3\,585$ km et donc sa longueur est $2 \times \pi \times R \approx 2 \times 3{,}14 \times 3\,585 \approx 22\,513{,}8$ km.

Angle	360	37,6
km	22 513,8	d

$d = \frac{37{,}6 \times 22\,513{,}8}{360} \approx 2\,351$ km.

Changements d'unités de grandeurs simples

Fiche 35

Grandeurs et mesures

1 Tableau de conversion

• Les grandeurs simples sont composées d'un préfixe et de l'unité d'expression. Les préfixes à connaître sont :

giga	G	$1\,000\,000\,000 = 10^9$	milliard
méga	M	$1\,000\,000 = 10^6$	million
micro	µ	$0{,}000\,001 = 10^{-6}$	millionième
nano	n	$0{,}000\,000\,001 = 10^{-9}$	milliardième

• On peut donc, pour chaque unité simple (gramme, mètre, litre...), faire le tableau suivant :

t	q		kg	hg	dag	**g**	dg	cg	mg			µg
Mm			km	hm	dam	**m**	dm	cm	mm			µm

Pour les masses, 1 quintal fait 100 kg, 1 tonne fait 1 000 kg.
Le chiffre des unités du nombre est dans la colonne de l'unité d'expression de la grandeur.

ex. : 120 km = 0,120 Mm = 120 000 m = $1{,}2 \times 10^5$ m.
17,5 kg = 0,175 q = 0,0175 t = $1{,}75 \times 10^{-2}$ t.

2 Conversions par le calcul

Parfois, les unités ne sont pas des multiples ou des sous-multiples de 10, il faut alors effectuer des calculs afin de convertir (durées, miles, gallons...).

• **Les durées** : 1 j = 24 h ; 1 h = 60 min ; 1 min = 60 s.
On utilise ces correspondances pour exprimer une durée sous forme décimale : 2 h 30 min a pour écriture décimale 2,5 h.

• **En informatique** : un *bit* est l'élément de base avec lequel travaille l'ordinateur : sa valeur est 1 ou 0.
Le *bit* est la contraction de *BinaryDigit*, son abréviation est **b**.
Un *octet* est un ensemble de 8 *bits*, son abréviation est **o**.
On a donc **1 o = 8 b**.
Un *byte* est équivalent à un *octet*, son abréviation est **B**.
On a donc **8 Mb = 1 MB = 1 Mo**.

Exercices types corrigés

EXERCICE 1 **Compléter les égalités suivantes.**

1. 37,6 hg = ______ t = ______ q. 2. 50 Go = ______ GB = ______ Mo.

1. 37,6 hg = 0,00376 t = 0,0376 q. 2. 50 Go = 50 GB = 50 000 Mo.

EXERCICE 2 **Compléter les égalités suivantes en utilisant l'écriture scientifique.**

1. 0,00000674 dam = ______ km = ______ nm.
2. 198 000 000 ko = ______ Mo = ______ Go.

1. 0,00000674 dam = 0,0000000674 km = $6{,}74 \times 10^{-8}$ km
= 67 400 nm = $6{,}74 \times 10^{4}$ nm.
2. 198 000 000 ko = 198 000 Mo = $1{,}98 \times 10^{5}$ Mo = 198 Go
= $1{,}98 \times 10^{2}$ Go.

EXERCICE 3 **Compléter les égalités suivantes en utilisant les calculs :**

1. 2 j 3 h 52 min = ______ s = ______ h (heures décimales).
2. 78,53 h = ______ j ______ h ______ min ______ s.

1. On a 1 h = 3 600 s, donc 1 j = 24 × 3 600 = 86 400 s. Donc :
2 j 3 h 52 min = 2 × 86 400 + 3 × 3 600 + 52 × 60 = 186 720 s.
On a le tableau de proportionnalité suivant :

h	1	
s	3 600	186 720

, donc le nombre d'heures décimales est :

$$\frac{186\ 720 \times 1}{3\ 600} \approx \mathbf{51{,}87\ h}.$$

2. Pour 78,53 h, on détermine le nombre de jours : $78 \div 24 = 3{,}25$ et 3 × 24 = 72. 78,53 h = 3 j 6,53 h.
Pour les 0,53 h, on a le tableau de proportionnalité suivant :

h	1	0,53
min	60	

, donc le nombre de minutes est

$$\frac{60 \times 0{,}53}{1} = 31{,}8 \text{ min}.$$

De même pour trouver le nombre de secondes, on calcule : $\frac{60 \times 0{,}8}{1} = 48$ s.
Donc **78,53 h = 3 j 6 h 31 min 48 s.**

EXERCICE 4 Je viens de tester le débit de ma connexion adsl. Sur un site, on m'affiche 1 582 kbits/s et sur un autre 199 ko/sec. **Les deux tests sont-ils équivalents ?**

1 582 kb = 1 582 ÷ 8 ko = 197,75 ko. **Les tests sont donc équivalents.**

Changements d'unités de grandeurs composées

1 Grandeurs produits

Une **grandeur produit** est le résultat d'une multiplication de grandeurs.

- Pour effectuer des **changements d'unité d'aire**, on utilise le tableau suivant :

km²		**hm²**		**dam²**		**m²**		**dm²**		**cm²**		**mm²**	
							1	2	3,	5	6		
					0,	0	1	2	3	5	6		
							1	2	3	5	6		

- Pour effectuer des **changements d'unité de volume**, on utilise le tableau suivant :

dam³			**m³**			**dm³**			**cm³**			**mm³**		
						hL	daL	L	dL	cL	mL			
							8	5,	5	6				
							8	5	5	6	0			

1 dm³ = 1 Litre.

- Pour effectuer un **changement d'unité avec une grandeur produit**, il faut changer l'unité de chaque grandeur, en suivant la multiplication.

ex. : L'énergie consommée s'exprime en kWh
(1 kiloWatt × 1 heure).
12 kWh = 12 kW × 1 h = 12 kW × 60 min = 720 kWmin.
La valeur numérique suit l'opération faite sur les unités, ici une multiplication.

2 Grandeurs quotients

- Une grandeur quotient est le résultat d'une division de grandeurs.
- La vitesse est une grandeur quotient.

$$v = \frac{d}{t} \text{ avec } d = \text{distance et } t = \text{temps.}$$

Exercices types corrigés

EXERCICE 1

Compléter les égalités suivantes.

1. 57,32 cm² = dm² = m² = mm²
2. 800 m² = km² = cm² = hm²

1. 57,32 cm² = 0,5732 dm² = 0,005732 m² = 5 732 mm².
2. 800 m² = 0,0008 km² = 8 000 000 cm² = 0,08 hm².

EXERCICE 2

Compléter les égalités suivantes.

1. 75,32 m³ = dm³ = mm³ = L
2. 5600 cm³ = L = dm³ = m³

1. 75,32 m³ = 75 320 dm³ = 75 320 000 000 mm³ = 75 320 L.
2. 5600 cm³ = 5,6 L = 5,6 dm³ = 0,0056 m³.

EXERCICE 3

Compléter les égalités suivantes.

1. 60 Wmin = kWmin = kWh
2. 5,32 kWh = Wh = Wmin

1. 60 Wmin = 0,06 kWmin (on a converti 60 W en 0,06 kW)

$$= 0{,}06 \text{ kW} \times 1 \text{ min} = 0{,}06 \text{ kW} \times \frac{1}{60} \text{ h} = 0{,}001 \text{ kWh}.$$

2. 5,32 kWh = 5 320 Wh = 5 320 W × 1 h = 5 320 W × 60 min
= 319 200 Wmin.

EXERCICE 4

Compléter les égalités suivantes.

1. 72 km/h = km/min = m/s
2. 10 m/s = km/h

1. $72 \text{ km/h} = \dfrac{72 \text{ km}}{1 \text{ h}} = \dfrac{72 \text{ km}}{60 \text{ min}} = 1{,}2 \text{ km/min}.$

$72 \text{ km/h} = \dfrac{72 \text{ km}}{1 \text{ h}} = \dfrac{72\,000 \text{ m}}{3\,600 \text{ s}} = 20 \text{ m/s}.$

2. $10 \text{ m/s} = \dfrac{10 \text{ m}}{1 \text{ s}} = \dfrac{0{,}01 \text{ km}}{\dfrac{1}{3\,600 \text{ h}}} = 0{,}01 \times 3\,600 \text{ km/h} = 36 \text{ km/h}.$

Périmètre, aire et volume

Fiche 37

1 Périmètre

- Le **périmètre** d'une figure fermée est la longueur de son contour.
- Périmètre du rectangle : $\boldsymbol{P = 2 \times}$ **(Longueur + largeur).**
- Périmètre d'un cercle : $\boldsymbol{P = 2 \times \pi \times}$ **rayon.**

ex. : Le périmètre d'un cercle de diamètre 6 cm est :
$P = 2 \times \pi \times 3 \approx 2 \times 3{,}14 \times 3 \approx 18{,}84$ cm.

2 Aire

- L'**aire** d'une figure fermée est la taille, exprimée en unité d'aire, de la surface de la figure.

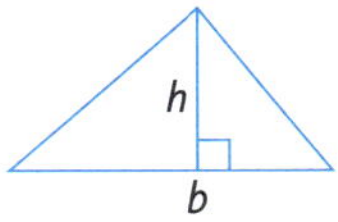

- Aire d'un triangle : $\boldsymbol{A = \dfrac{\text{base} \times \text{hauteur}}{2} = \dfrac{b \times h}{2}}$.
- Aire d'un rectangle : $\boldsymbol{A =}$ **Longueur × largeur.**
- Aire d'un parallélogramme : $\boldsymbol{A =}$ **base × hauteur.**
- Aire d'un disque : $\boldsymbol{A = \pi \times}$ **rayon2** $\boldsymbol{= \pi \times R^2}$.

3 Volume

- Le **volume** d'un solide est la taille, exprimée en unité de volume, de l'espace occupé par ce solide.
- Volume d'un prisme droit :
$\boldsymbol{V =}$ **(aire de la base) × hauteur.**

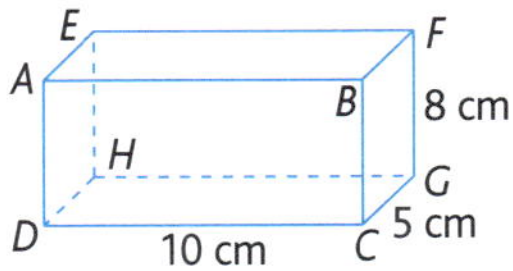

ex. : Le volume du pavé *ABCDEFGH* est
$10 \times 5 \times 8 = 400$ cm^3.

- Volume d'une pyramide ou d'un cône :

$$\boldsymbol{V = \frac{1}{3} \times \text{Aire de la base} \times \text{hauteur} = \frac{1}{3} \times B \times h}.$$

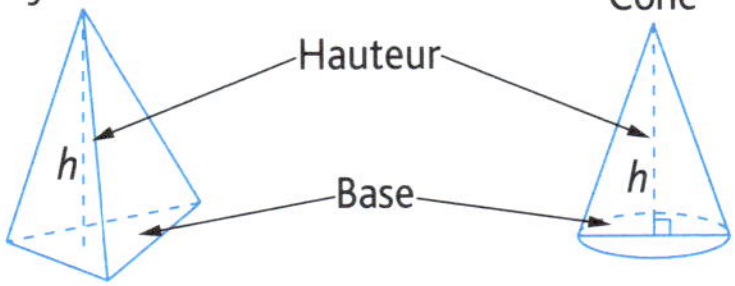

- Volume d'une boule de rayon R : $\boldsymbol{V = \dfrac{4}{3} \times \pi \times R^3}$.

Exercices types corrigés

EXERCICE 1 Calculer le périmètre des figures suivantes.

1.

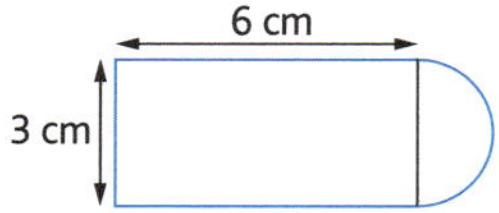

2.

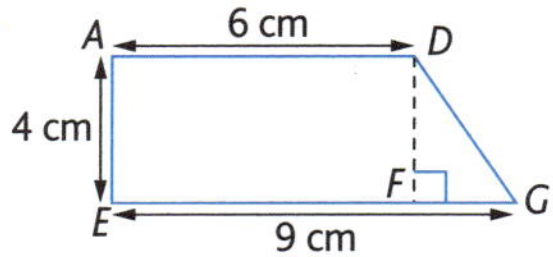

1. Le périmètre est composé des trois côtés extérieurs du rectangle, c'est-à-dire $2 \times 6 + 3 = 15$ cm, et du demi-cercle. Le diamètre du demi-cercle est 3 cm, donc son rayon est de 1,5 cm.
Pour le demi-cercle, on a $2 \times 3{,}14 \times 1{,}5 \div 2 \approx 4{,}71$ cm.
Au final, **le périmètre de la figure est de 15 + 4,71 = 19,71 cm.**

2. Le périmètre de la figure est composé des trois côtés du rectangle (AE, AD et EF), c'est-à-dire $2 \times 6 + 4 = 16$ cm, et des deux côtés du triangle rectangle. On doit donc calculer DG.
On sait que le triangle DFG est rectangle en F. Donc, d'après le théorème de Pythagore, on obtient $DG^2 = DF^2 + FG^2$.
$FG = 9 - 6 = 3$ cm et $DF = AE = 4$ cm.
$DG^2 = 4^2 + 3^2$. Ainsi $DG^2 = 16 + 9 = 25$. Donc $DG = \sqrt{25} = 5$ cm.
Le périmètre est donc 16 + 3 + 5 = 24 cm.

EXERCICE 2 Calculer le volume de la glace schématisée ci-dessous (on arrondira au mm³ près).

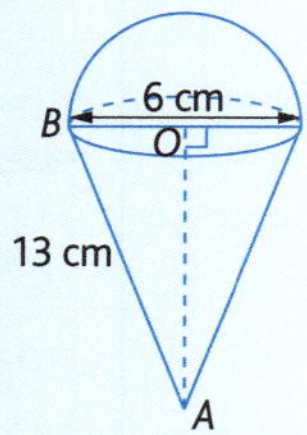

On calcule le volume V_1 de la demi-boule.
$R = 3$ cm,

$$V_1 = \frac{4}{3} \times \pi \times R^3 \div 2 \approx \frac{4 \times 3{,}14 \times 27}{3 \times 2} = 56{,}52 \text{ cm}^3.$$

Le volume V_2 du cône est donné par :

$V_2 = \frac{1}{3} \times B \times h$; il faut donc calculer l'aire de la base et la hauteur du cône.

Aire $= (3{,}14 \times 3^2) = 28{,}26 \text{ cm}^2$.

Calcul de la hauteur : on sait que le triangle AOB est rectangle en O, donc, d'après le théorème de Pythagore, on obtient :
$AB^2 = OB^2 + OA^2$; $OA^2 = 13^2 - 3^2$, donc $OA^2 = 169 - 9 = 160$.
Donc $OA = \sqrt{160} \approx 12{,}649$ cm.

$$V_2 = \frac{28{,}26 \times 12{,}649}{3} \approx 119{,}154 \text{ cm}^3.$$

Donc le volume V de la glace est de :
$V = 119{,}154 + 56{,}52 =$ **175,674 cm³**.

Agrandissement et réduction

Fiche 38

Grandeurs et mesures

1 Définition

Si l'on multiplie toutes les dimensions d'un objet par un nombre k strictement positif, on dit qu'on a effectué :

- un **agrandissement** de rapport k si $k > 1$;
- une **réduction** de rapport k si $k < 1$.

2 Propriétés de l'agrandissement ou de la réduction

• **En agrandissant ou en réduisant un objet**, on obtient un objet de même nature géométrique. Ainsi, en réduisant ou en agrandissant un carré, on obtient un carré. En réduisant ou en agrandissant un cylindre, on obtient un cylindre.

• **Dans un agrandissement ou une réduction de rapport k** :

- l'aire d'une surface est multipliée par k^2 ;
- le volume d'un solide est multiplié par k^3.

• **L'image d'un objet par une homothétie de rapport k** (on ne considère que la partie numérique et pas le signe du rapport de l'homothétie), est une réduction (si $k < 1$) ou un agrandissement (si $k > 1$) de cet objet.

Exercices types corrigés

EXERCICE 1

La pyramide $SABCD$ a pour base le carré $ABCD$ de côté 10 cm. La hauteur $[SA]$ de cette pyramide est de 15 cm.

On coupe cette pyramide par un plan parallèle à sa base coupant (SA) en M avec $MS = 4$ cm, on obtient la pyramide $SMNPR$, réduction de $SABCD$.

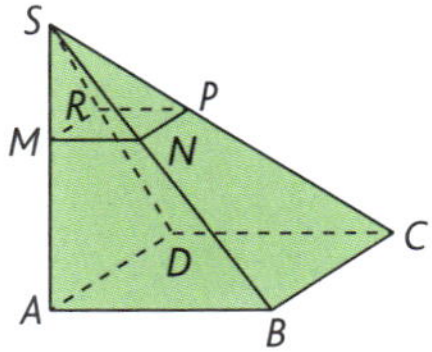

1. Calculer l'aire de la base $ABCD$.

2. Calculer le volume de la pyramide $SABCD$.

3. Calculer le coefficient de réduction permettant de passer de $SABCD$ à $SMNPR$.

4. En déduire l'aire de la base $MNPR$, arrondie au mm^2 et le volume de la pyramide $SMNPR$, arrondi au centième.

1. L'aire du carré $ABCD$ est 10^2 = **100 cm²**.
2. Le volume de $SABCD$ est donné par l'expression :

$$V=\frac{1}{3}\times B\times h=\frac{100\times 15}{3}=\mathbf{500\ cm^3}.$$

3. Le coefficient de réduction est donné par le rapport $\frac{MS}{AS}=\frac{4}{15}$.

4. $SMNPR$ est une réduction de $SABCD$ de rapport $\frac{4}{15}$,

donc l'aire de $MNPR$ est :

$$\left(\frac{4}{15}\right)^2\times \text{Aire de } ABCD=\frac{16}{225}\times 100\approx \mathbf{7{,}11\ cm^2}.$$

Le volume de $SMNPR$ est :

$$\left(\frac{4}{15}\right)^3\times \text{Volume de } SABCD=\frac{64}{3375}\times 500\approx \mathbf{9{,}48\ cm^3}.$$

EXERCICE 2

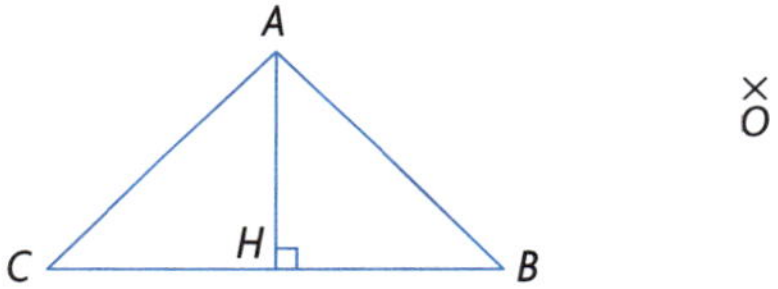

On considère le triangle ABC, avec BC = 12 cm et AH = 6 cm.

1. Calculer l'aire du triangle ABC.

2. On a construit $A'B'C'$, image de ABC, par une transformation du plan tel que $A'B'C'$ soit une réduction de $\frac{1}{3}$ de ABC.
Comment s'appelle cette transformation ?

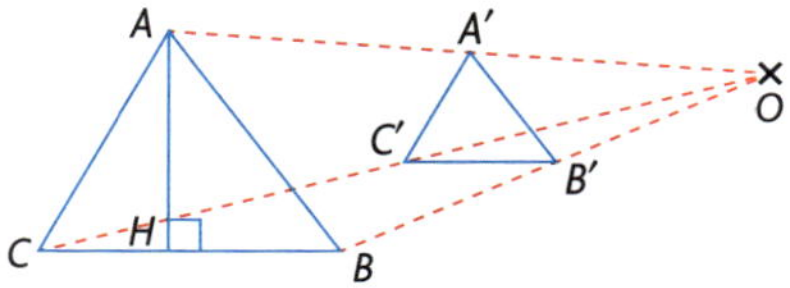

3. Calculer la longueur $B'C'$ et l'aire du triangle $A'B'C'$.

1. L'aire de ABC est donnée par $\frac{\text{base}\times\text{hauteur}}{2}=\frac{4\times 3}{2}=6\ \text{cm}^2$.
2. C'est une homothétie de centre O et de rapport $\frac{1}{3}$.
3. $A'B'C'$ est une réduction de ABC de rapport $\frac{1}{3}$.

La longueur $B'C'$ est $\frac{1}{3}\times BC=\frac{12}{3}$ = **4 cm et l'aire de $A'B'C'$** est

$\left(\frac{1}{3}\right)^2\times$ Aire de $ABC=\frac{1}{9}\times 36$ = **4 cm²**.

Utiliser les grandeurs produits

Fiche 39

Grandeurs et mesures

Exemples de grandeurs produits

• Une **grandeur produit** est le résultat d'une **multiplication de grandeurs.**

• L'**énergie électrique** est donnée par la formule :

$$E = \text{Puissance (kW)} \times \text{temps (h)}.$$

L'énergie s'exprime donc en kWatt heure : kWh (on a multiplié des kW par des h).

• La **puissance électrique** est donnée par la formule :

$$P = \text{Tension (V)} \times \text{Intensité (A)}.$$

On a multiplié des volts par des ampères ; on obtient des Volt Ampère ou Watt.

1 VA = 1 W.

Exercices types corrigés

EXERCICE 1 **1. Calculer l'énergie consommée par un four dont la puissance électrique est de 1 500 W, pendant la cuisson d'un rôti de bœuf prenant 20 minutes. On utilisera la formule $E = P \times t$.**

2. Le prix du kWh est de 0,11 €. Quel est le montant de la dépense associée à la cuisson du rôti ?

3. Combien de temps faudrait-il laisser une lampe de 60 W allumée pour consommer l'énergie correspondant à la cuisson du rôti ?

1. Il faut passer à une écriture décimale des heures :

h	1	
min	60	20

On fait le produit en croix :
$1 \times 20 \div 60 \approx 0{,}33$.

Ainsi $t \approx 0{,}33$ h et donc $E \approx 1\,500 \times 0{,}33 \approx 500$ Wh = **0,5 kWh.**

2. Le prix associé à la cuisson est donc de $0{,}5 \times 0{,}11 =$ **0,055 €.**

3. On veut que la lampe consomme 500 Wh. Il faut résoudre l'équation :
$500 = 60 \times t$, donc $t = 500 \div 60 \approx$ **8,33 h.**

On doit convertir le temps en heures, minutes et secondes.

h	1	0,33
min	60	

$60 \times 0{,}33 = 20$.

Il faudrait donc laisser la lampe allumée 8 h 20 min pour avoir la même consommation que pendant la cuisson du rôti.

EXERCICE 2 En électricité, on a la formule $P = U \times I$ avec U, la tension en volt et I, l'intensité en ampère. La tension est de 220 V.
Un abonnement électrique est de 6,6 kW, c'est-à-dire que la puissance maximale autorisée est de 6,6 kW.
Calculer l'intensité maximale autorisée avec un tel abonnement.

6,6 kW = 6 600 W. On a donc l'équation $6\,600 = 220 \times I$, donc $I = 6\,600 \div 220 = 30$ A.
L'intensité maximale d'un tel abonnement est de 30 A.

EXERCICE 3 Pour exprimer les puissances, les scientifiques utilisent le Joule (J), le Watt seconde (Ws) ou la calorie (cal), sachant que :
$1 \text{ J} = 1 \text{ Ws} = 2,39 \times 10^{-4}$ kcal.
1. Paul mange une tablette de chocolat de 100 g apportant 555 kcal. **Exprimer, en kiloJoules, l'énergie correspondant à cette tablette de chocolat.**
2. **Combien de temps un téléviseur de puissance 72 W devra-t-il rester allumé pour consommer la même énergie qu'apporte la tablette de chocolat ?**
3. Paul consomme 290 kcal en marchant pendant une heure à 6 km/h. **Combien de temps devra-t-il marcher à cette vitesse pour éliminer la tablette de chocolat ?**

1. Pour passer des kcal aux Joules, on a la correspondance $1 \text{ J} = 2,39 \times 10^{-4}$ kcal, donc le tableau de proportionnalité suivant :

J	1	
kcal	$2,39 \times 10^{-4}$	555

$555 \times 1 \div (2,39 \times 10^{-4})$
$\approx 2\,322\,176$ J $\approx$ **2 322 kJ.**

2. On sait donc que $E = P \times t$, avec E en Joule, P en Watt et t en seconde.
On veut une énergie de 2 322 kJ avec une puissance de 72 W.
On obtient $2\,322 \times 10^3 = 72 \times t$, donc $t = 2\,322 \times 10^3 \div 72$
$= 32\,250$ s.
Pour obtenir le nombre de minutes, on calcule :
$32\,250 \div 60 = 537,5$
donc 537 min 30 s,
puis $537 \div 60 \approx 8,95$ h et $0,95 \times 60 = 57$ min.
L'énergie apportée par la tablette de chocolat correspond au fait de laisser une télévision allumée pendant 8 h 57 min 30 s.

3. C'est encore un tableau de proportionnalité :

h	1	
kcal	290	555

$555 \times 1 \div 290 \approx 1,91$ h
et $0,91 \times 60 = 54,6$ min
et $0,6 \times 60 = 36$ s.
Il faudra donc que Paul marche pendant 1 h 54 min 36 s pour éliminer la tablette de chocolat.

Utiliser les grandeurs quotients

Fiche 40

Exemples de grandeurs quotients

- Une **grandeur quotient** est le **résultat d'une division de grandeurs.**
- **Vitesse moyenne =** $\dfrac{\text{distance parcourue}}{\text{durée du parcours}}$.

L'unité donne l'opération à faire entre les grandeurs. Ici, la vitesse s'exprime en km/h, donc on va diviser des km par des h, autrement dit une distance par un temps. On retrouve grâce à cela les formules donnant des grandeurs quotients.
Quand on veut trouver un temps et que l'on connaît une distance (km) et une vitesse (km/h), on calculera : $\text{km} \div \dfrac{\text{km}}{\text{h}} = \text{km} \times \dfrac{\text{h}}{\text{km}} = \text{h}$.

ex. : Prix au kg : l'unité est €/kg, donc on divise le prix par la masse.
Masse volumique : l'unité est kg/m^3, donc on divise la masse par le volume.

Exercices types corrigés

EXERCICE 1 Un cycliste parcourt 27 km en 48 min.
Calculer sa vitesse en km/h.

L'unité de vitesse est le km/h, on divise les km par les heures. On doit d'abord convertir 48 min en heure décimale : 48 ÷ 60 = 0,8 h.
Donc la vitesse est obtenue par v = 27/0,8 = **33,75 km/h.**

EXERCICE 2 1. Un steak de 200 g est vendu à 18,50 €/kg.
Quel est le prix du steak ?
2. On achète pour 8,10 € de pommes coûtant 2,70 €/kg.
Quelle est la masse de pommes achetée ?
3. On achète 350 g de poisson pour 7 €. **Quel est le prix au kg ?**

1. Pour savoir quelle opération faire, on raisonne sur les unités :
kg × €/kg = €.
On va donc multiplier la masse en kg par le prix au kg.
200 g = 0,2 kg. 0,2 × 18,50 = 3,7 €. **Le prix du steak est de 3,70 €.**
2. Pour savoir quelle opération faire, on raisonne sur les unités :

$€ \div €/\text{kg} = € \times \dfrac{\text{kg}}{€} = \text{kg}.$

On va diviser le prix par le prix au kg, donc 8,10 ÷ **2,70** = 3 kg.
On a acheté 3 kg de pommes.
3. On cherche des €/kg, on va donc diviser le prix par la masse en kg.
350 g = 0,35 kg, donc 7 ÷ 0,35 = 20. **Le prix au kg est de 20 €.**

EXERCICE 3 Quelle distance va parcourir un automobiliste roulant à 60 km/h en 1 h 36 min ?

On veut obtenir des km, il faut donc faire km/h × h, c'est-à-dire multiplier la vitesse par le temps de parcours. On exprime le temps en heure décimale :

h	1	
min	60	36

36 × 1 ÷ 60 = 0,6. Le temps est de 1,6 h.

Donc 60 × 1,6 = 96 km.
La distance parcourue est de 96 km.

EXERCICE 4 Un mille marin correspond à 1,852 km. En mer, la vitesse est exprimée en nœuds (1 nœud = 1 mille marin par heure). Le record de la Route du Rhum, traversée entre Saint-Malo et Pointe-à-Pitre, est de 7 j 15 h 8 min et correspond à une distance de 3 542 milles marin.
Calculer la vitesse de cette traversée en nœuds et en km/h.

Il faut convertir la durée en heures décimales :

Pour les minutes :

h	1	
min	60	8

8 × 1 ÷ 60 ≈ 0,13.

Pour les jours, 7 × 24 = 168 h. La durée de la traversée est donc de :
168 + 15 + 0,13 = 183,13 h.
La vitesse en nœuds : 3542 ÷ 183,13 ≈ **19,34 nœuds.**

Pour la vitesse en km/h, il faut convertir les milles en km :
3 542 × 1,852 = 6 559,784 km. La vitesse est alors donnée par :
6 558,784 ÷ 183,13 ≈ **35,8 km/h.**

EXERCICE 5 Une solution de 25 L d'eau salée a une concentration de 30 g/L.
Déterminer la quantité de sel qu'il a fallu dissoudre pour obtenir cette solution.

On veut obtenir des grammes, il faut donc faire $\frac{g}{L} \times L = g$.

On multiplie donc la concentration par le volume : 30 × 25 = 750.
La quantité de sel est de 750 g.

Résoudre des problèmes en utilisant les grandeurs composées

Exercices types corrigés

EXERCICE 1 Voici les caractéristiques de deux lave-linge, basées sur un cycle blanc à 60 °C dans des conditions normales d'utilisation :

Lave-linge A	Lave linge B
Puissance P : 540 W	Puissance P : 780 W
Durée moyenne d'un cycle de lavage : 105 min	Durée moyenne d'un cycle de lavage : 110 min
Capacité de chargement : 5 kg	Capacité de chargement : 8,5 kg

La consommation d'énergie E, exprimée en kWh, se calcule par la formule $E = P \times t$ où P est la puissance électrique exprimée en kWh et t est la durée exprimée en h.

1. Calculer la consommation d'énergie de chaque lave-linge en kWh par cycle. On arrondira au millième.

2. Calculer la consommation en kWh par kg de linge lavé de chaque lave-linge (en arrondissant au millième si nécessaire). Quel est, en kWh par kg de linge lavé, le lave-linge qui a la plus basse consommation d'énergie ?

3. Le prix unitaire du kWh est 0,1085 €. Pour chaque lave-linge, calculer :
– le coût de l'énergie consommée par cycle ;
– le coût de l'énergie consommée par kg de linge lavé.

1. • Pour le lave-linge A : il faut d'abord exprimer les 105 min en heures décimales. On a le tableau de proportionnalité suivant :

h	1	
min	60	105

$105 \times 1 \div 60 = 1{,}75$.

La durée du cycle est de 1,75 h et $P = 0{,}540$ kW.
On peut alors appliquer $\boldsymbol{E} = P \times t = 0{,}540 \times 1{,}75 = \mathbf{0{,}945\ kWh}$.

• Pour le lave-linge B : il faut d'abord exprimer les 110 min en heures décimales. On a le tableau de proportionnalité suivant :

h	1	
min	60	110

$110 \times 1 \div 60 \approx 1{,}83$.

La durée du cycle est de 1,83 h et $P = 0{,}780$ kW.
On peut alors appliquer $\boldsymbol{E} = P \times t = 0{,}780 \times 1{,}83 \approx \mathbf{1{,}427\ kWh}$.

2. On veut obtenir des kWh/kg de linge lavé. On va donc diviser l'énergie par le nombre de kg de linge lavé.

Pour le lave-linge A : 0,945 ÷ 5 = **0,189 kWh/kg de linge lavé.**
Pour le lave-linge B : 1,427 ÷ 8,5 = **0,168 kWh/kg de linge lavé.**
C'est donc le lave-linge B qui a la consommation la plus basse.

3. **Coût de la consommation par cycle :**
– **Lave-linge A :** 0,945 × 0,1085 ≈ **0,103 €.**
– **Lave-linge B :** 1,427 × 0,1085 ≈ **0,155 €.**
Coût de la consommation par kg de linge lavé :
– **Lave-linge A :** 0,189 × 0,1085 = **0,021 €.**
– **Lave-linge B :** 0,168 × 0,1085 = **0,018 €.**

EXERCICE 2 Un internaute a téléchargé un fichier de 258 MégaOctets en 10 minutes.

1. **Quelle est la vitesse de téléchargement en Mo/min ?**
2. **Calculer la vitesse de téléchargement en kiloOctets par seconde. Convertir cette vitesse de téléchargement en Mb/s sachant que 1 o = 8 b.**
3. **Calculer en Mo la taille d'un fichier que l'on a téléchargé en 8 min.**
4. **Calculer en min le temps mis pour télécharger un fichier de 523,2 Mo à la même vitesse. Arrondir à la seconde.**

1. On veut obtenir des Mo/min, on va donc diviser les Mo par les minutes :
258 ÷ 10 = 25,8.
La vitesse de téléchargement est 25,8 Mo/min.

2. On a : $25{,}8\ \text{Mo/min} = \dfrac{25{,}8\ \text{Mo}}{1\ \text{min}} = \dfrac{25\,800\ \text{ko}}{60\ \text{s}}$

$= 25\,800 \div 60\ \text{ko/s} = \mathbf{430\ ko/s}.$
1 o = 8 b, donc 430 ko = 430 × 8 kb = 3440 kb = **3,440 Mb.**
La **vitesse de téléchargement est donc 3,44 Mb/s.**

3. On veut obtenir des Mo, donc $\dfrac{\text{Mo}}{\text{min}} \times \text{min} = \text{Mo}$.

On va donc multiplier la vitesse en Mo/min par le nombre de minutes.
25,8 × 8 = **206,4 Mo.**

4. On veut obtenir des min, donc $\dfrac{\text{Mo}}{\dfrac{\text{Mo}}{\text{min}}} = \dfrac{\text{Mo} \times \text{min}}{\text{Mo}} = \text{min}$.

On va diviser la taille du fichier par la vitesse de téléchargement :
523,2 ÷ 25,8 = 20,28 min.
Pour obtenir les secondes, on a le tableau de proportionnalité suivant :

min	1	0,28
s	60	

donc 60 × 0,28 = 16,8 s, qui, arrondi à la seconde donne 17 s.

Le temps nécessaire pour télécharger le fichier est donc de 20 min 17 s.

Programmation : prise en main du logiciel Scratch

1 Définitions

• **SCRATCH** est une application en ligne qui permet, entre autres, de faire se déplacer un objet, appelé **sprite**, en suivant les étapes d'un algorithme.

• L'adresse de cette application est : https://scratch.mit.edu/.
Cliquer sur le chat pour la prise en main :

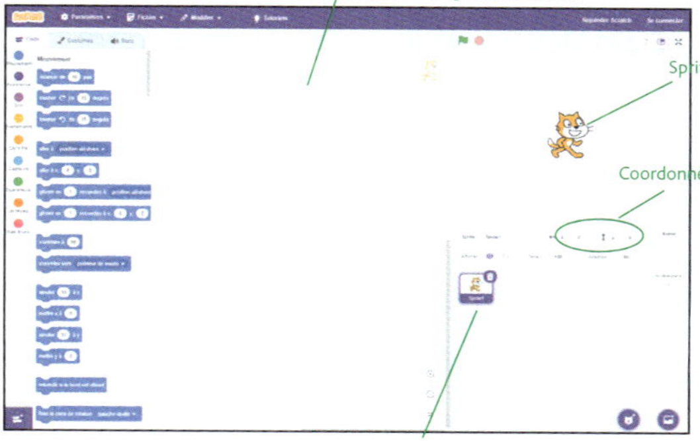

• Le **script** ou **code** est l'algorithme écrit avec le langage de programmation. Ici, on écrira le script à l'aide des différents blocs de couleurs.

2 Comprendre les blocs

• Mouvement : actions pour déplacer le sprite.
• Apparence : pour faire parler le sprite et changer son aspect.
• Sons : les sons que peut produire le sprite.
• Événements : pour exécuter le script dès que l'événement se produit (clic, appui sur une touche…).
• Contrôle : boucles et tests (si…alors…).
• Capteurs : pour savoir si le sprite touche une couleur…
• Opérateurs : pour effectuer des opérations avec des nombres ou des variables.
• Mes blocs : pour créer ses propres blocs de code.
• Variables : permet de créer une variable et lui donner un nom.
• Stylo : pour tracer (il faut l'activer en cliquant sur extension).

Pour voir l'action sur le sprite, il suffit de double cliquer sur le bloc qu'on aura glissé dans la zone de code.

3 Écrire un code/script

• Pour écrire un code/script sur le sprite, il faut cliquer sur un bloc et le déposer dans la zone de code. Afin de pouvoir enchaîner les actions, il faut emboîter les blocs. Une ombre grise apparaît lorsqu'il est possible d'emboîter ces éléments.

ex. :

L'ombre grise apparaît. Lâcher la souris.

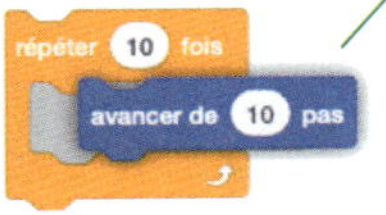

Les blocs s'emboîtent.

Double cliquer sur le bloc va faire avancer le sprite 10 fois de 10.

• On peut aussi emboîter un bloc pour remplacer une valeur.

ex. :

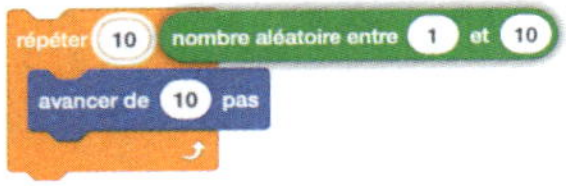

On obtient :

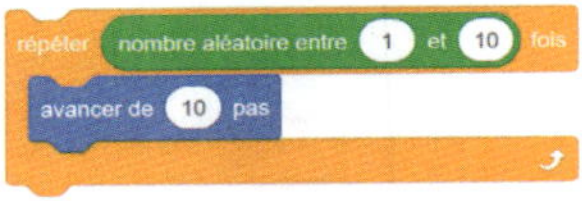

Le sprite avancera de 10 entre une fois et dix fois.

Exercice type corrigé

On donne les programmes suivants. Décrire les mouvements du sprite.

1.

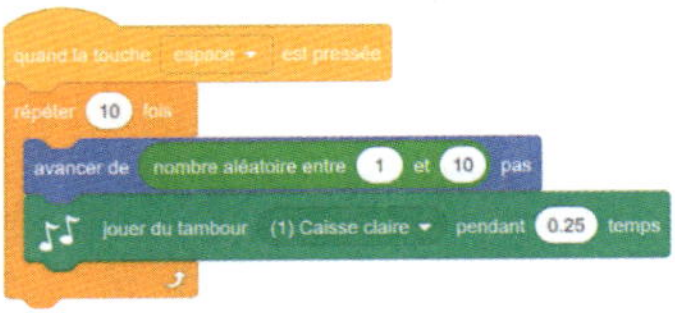

2.

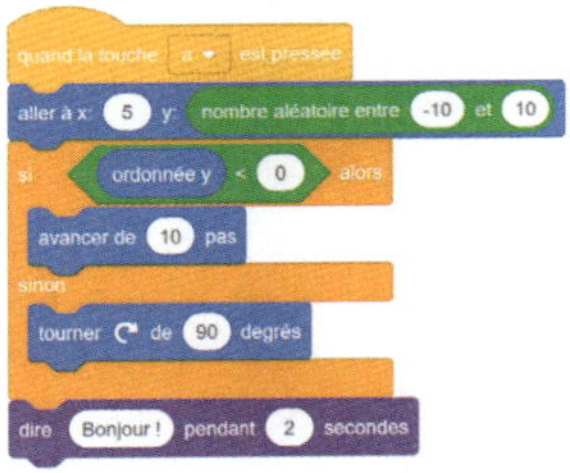

1. Quand on appuiera sur la touche espace, le sprite avancera 10 fois d'un nombre compris entre 1 et 10, en faisant à chaque fois le son du tambour (à activer dans extension, puis choisir Musique).

Vérifier sur le site en recopiant le script donné.

2. Quand on appuiera sur la touche « a » du clavier, le sprite ira au point d'abscisse 5 et d'ordonnée comprise entre –10 et 10.
Si l'ordonnée est négative, le sprite avancera de 10, sinon, il tournera de 90° et dira « Bonjour » pendant 2 secondes.

Programmer avec Scratch

• **Arrière-plans** : pour créer des éléments en arrière plan qui ne se déplaceront pas avec le sprite. On peut créer des dessins indépendants du sprite qui pourront servir avec les capteurs.

① On clique sur Arrière-plans en bas à droite.

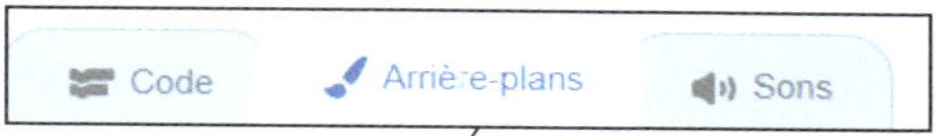

② Puis, on clique sur l'onglet Arrière-plans qui se trouve à côté de l'onglet code.

• **Costume du sprite** : en recliquant sur le sprite, puis sur l'onglet « costume », on peut changer l'apparence du sprite, le colorier...

• **Créer une variable** : il peut être très utile de créer une variable pour permettre de garder des nombres en mémoire, tester leur valeur... Pour cela, il faut aller dans l'onglet code cliquer sur « Variables » puis sur « Créer une variable » . Il faut alors lui choisir un nom et indiquer si elle s'appliquera à tous les sprites ou seulement au sprite sélectionné.

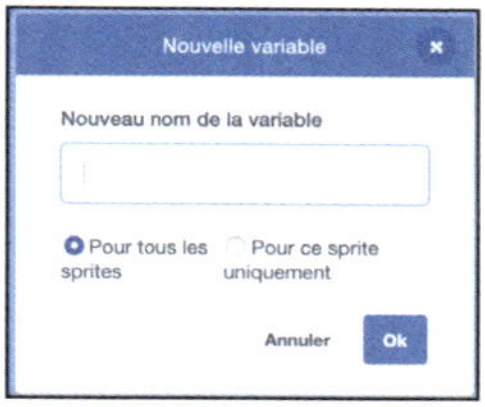

Exercices types corrigés

1. **Construire en arrière-plan sur la droite, un rectangle rouge.**
2. **Écrire un script tel que** : quand on clique sur le sprite, il va se positionner en (-200 ; 0), puis il glissera jusqu'à ce qu'il atteigne le rectangle rouge ; il s'arrête alors et dit « Je suis arrivé. »

1. On clique sur l'arrière-plan, puis sur l'onglet « Arrière-plans ». On construit alors sur la droite un rectangle rouge en utilisant les outils de dessin proposés. On obtient l'image ci-contre.

2. Pour commencer le script, on clique sur le sprite (en bas à droite) puis sur l'onglet Code. On va dans les blocs Événements et on choisit le bloc :

quand ce sprite est cliqué .

Il faut ensuite faire se positionner le sprite. On va dans les blocs Mouvement et on choisit le bloc glisser en 1 secondes à x: -200 y: 0 ; on clique à côté de x et on rentre la valeur – 200 puis à côté de y on entre 0.

Pour faire avancer le sprite jusqu'à ce que le rouge soit atteint, on doit aller dans les blocs Contrôle pour trouver :

répéter jusqu'à ce que ⬡ et y insérer un bloc capteur.

Il faut choisir : couleur ◯ touchée ? puis cliquer dans la case couleur

et choisir la pipette.

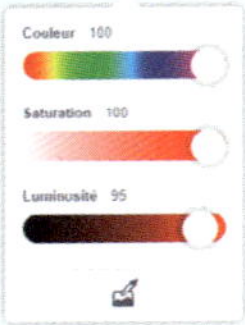

On peut alors, en cliquant sur le rectangle rouge, définir la couleur

dans le bloc. On obtient : couleur ● touchée ? .

Il suffit alors d'insérer dans la boucle, le mouvement : avancer de 10 pas et, à la fin de la boucle, l'apparence :

dire Je suis arrivé ! pendant 2 secondes après avoir inséré la phrase « Je suis arrivé » dans le bloc.

Le script complet est le suivant :

Vérifier sur la page internet que le sprite fait bien ce qui a été demandé.

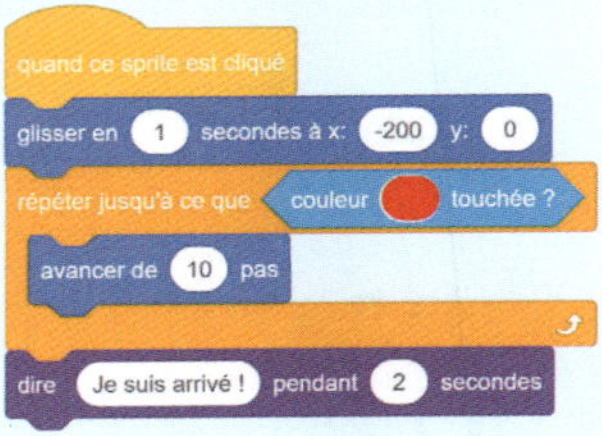

Calculer avec Scratch

1 Créer une variable

Cliquer sur le bloc « Variable » puis « Créer une variable » (voir Fiche 43) et donner un nom à la variable.

On peut alors utiliser les blocs ci-dessous et changer les valeurs de la variable.

ex. : [mettre Longueur ▾ à 30] On met la variable nommée « Longueur » à 30.

[ajouter 7 à Longueur ▾] On ajoute 7 à la variable « Longueur », elle passera donc ici à 37.

2 Les opérations

Pour faire des opérations, il suffit d'insérer des nombres ou des variables dans les blocs « Opérateurs ».

ex. :

• Si on crée (7 * 4), on réalise l'opération 7×4, on obtiendra 28.

*Le signe * représente la multiplication.*

• Si on crée (Longueur / 5) et que la variable « Longueur » est égale à 30, l'opération réalisée est $30 \div 5 = 6$.

Le signe / représente la division.

• Le bloc ⟨Longueur > 50⟩ est appelé « test », il permet de voir si la variable « Longueur » est plus grande que 50. Ici, comme elle vaut 30, la réponse au test est donc non.

3 Les capteurs

Le bloc principal ci-contre permet au sprite de demander de saisir une valeur, on aura alors la scène suivante.

[demander Choisir un nombre et attendre]

ex. : Si on entre une valeur, par exemple 25, elle sera stockée dans la variable (réponse)

On pourra ensuite faire : [mettre Longueur ▾ à (réponse)]

La variable « Longueur » prendra alors la valeur 25.

Exercice type corrigé

Une boutique en ligne vend des photos et affiche les tarifs suivants :

Nombres de photos commandées	Prix à payer
De 1 à 100 photos	0,17 € par photo
Plus de 100 photos	17 € l'ensemble des 100 premières photos et 0,13 € par photo supplémentaire

On a commencé à construire un programme qui doit permettre de calculer le prix à payer en fonction du nombre de photos commandées (ci-contre).

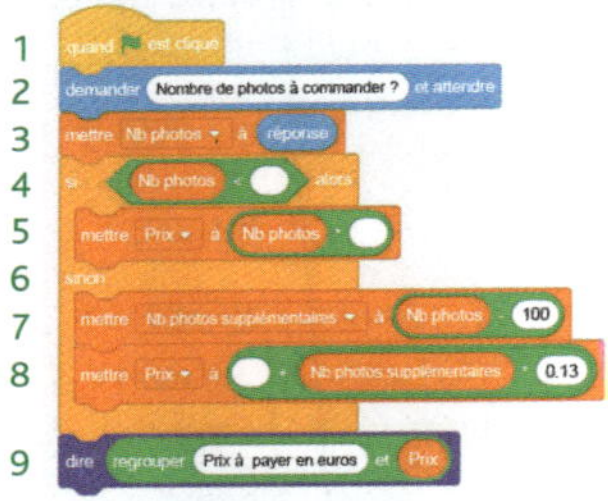

Le programme comporte 3 variables « Nb photos », « Nb photos supplémentaires » nombre de photos commandées au-delà des 100 premières photos commandées, « Prix ».

1. Par quelles valeurs peut-on compléter les instructions des lignes 4, 5 et 8 pour que le programme permette de calculer le prix à payer en fonction du nombre de photos commandées ?

2. En période des soldes, le site offre une réduction de 30 % sur le prix à payer, pour toute commande supérieure à 20 €.

a) **Calculer le prix à payer pour 150 photos en période des soldes.**

b) On modifie le programme pour qu'il donne le prix à payer en période des soldes en insérant le bloc ci-contre entre les lignes 8 et 9. **Dans la liste suivante, indiquer une proposition qui convient pour compléter la case vide.**

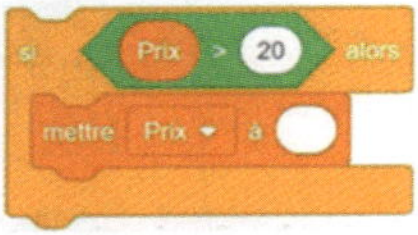

1. Ligne 4 : 

car jusqu'à 100 le prix est fixé.

Ligne 5 : 

car le prix par photo est de 0,17 €.

Ligne 8 : 

car on paie 17 € + 0,13 € par photo au-dessus de 100.

2. a) Le prix de 150 photos était de 23,50 €. Réduire de 30 % revient à effectuer :

$$23{,}50\times\left(1-\frac{30}{100}\right)=23{,}50\times0{,}7=16{,}45\ €.$$

b) Calculer le prix soldé revient à déduire 30 % donc effectuer :

$prix - prix\times0{,}3$ ou comme vu au dessus : $prix\times0{,}7$.

Les propositions 2 et 4 conviennent.

Construire une figure avec Scratch

Fiche 45

1 Dessiner

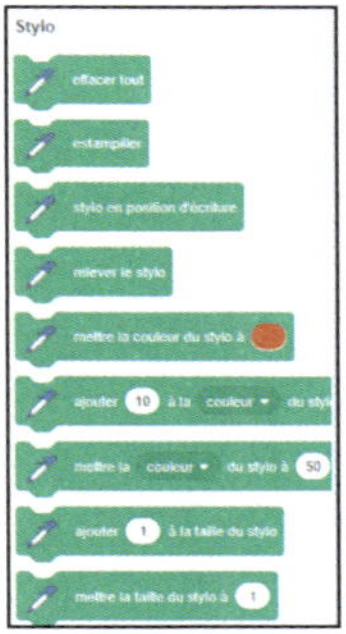

On peut utiliser Scratch pour faire des dessins. Cliquer, en bas à gauche de l'interface, sur l'icône pour ajouter une extension. Cliquer sur « Stylo » et la liste de blocs ci-contre apparaît.
Utiliser le bloc « stylo en position d'écriture » dans un programme pour faire bouger et dessiner le sprite.

2 Orienter

Pour choisir le sens de déplacement du sprite, il faut utiliser le bloc

.

90 oriente le sprite vers la droite ; 0 l'oriente vers le haut ; 180 vers le bas ; - 90 vers la gauche.

ex. : On réalise le programme suivant :

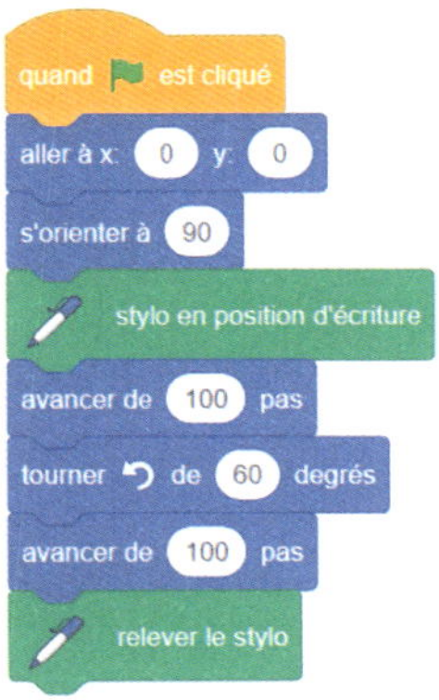

Le sprite exécute ceci :

Attention, l'angle de 60° dépend de l'orientation. Ici comme le sprite était orienté à 90 (vers la droite), il va donc tourner de 60° par rapport à la droite.

Algorithmique et programmation

Exercice type corrigé

Essya, Nicolas et Tyago souhaitent construire cette figure à l'aide d'un logiciel de programmation.

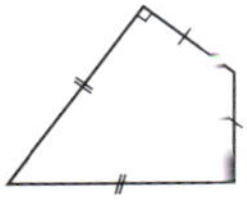

Programme d'Essya	Programme de Nicolas	Programme de Tyago
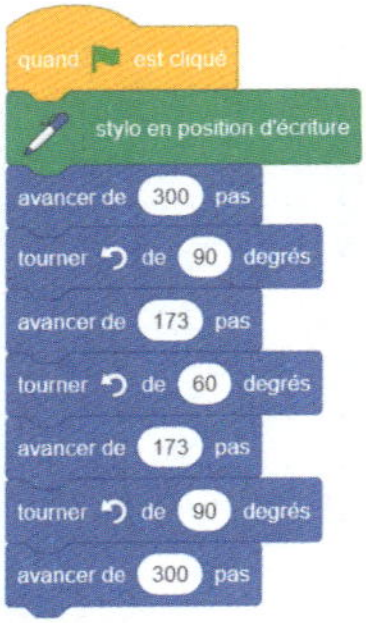	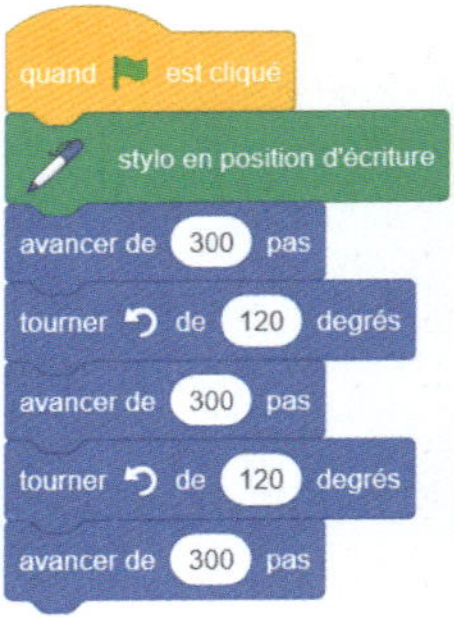	

1. Tracer le programme de Nicolas en prenant 1 cm pour 100 pas.

2. Un élève a écrit le script correct. Donner le nom de cet élève en justifiant la réponse.

1. La figure obtenue par le programme de Nicolas est un triangle équilatéral de côté mesurant 3 cm.

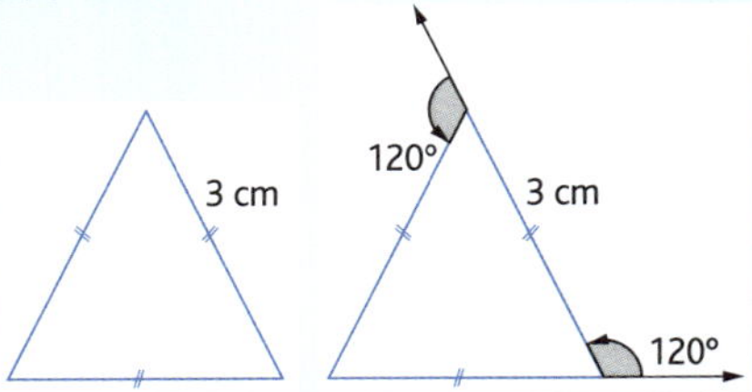

Le sprite a commencé par avancer de 300 pas donc ici 3 cm, puis a tourné à gauche de 120° comme indiqué, il a ensuite répété cela.

2. Le script correct est celui d'Essya.

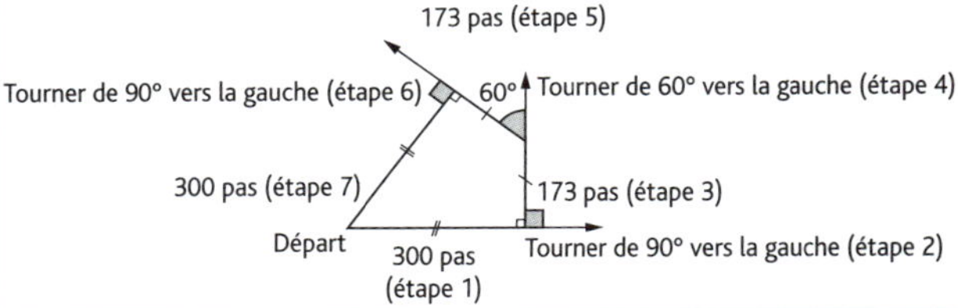

Faire de la géometrie avec Scratch

On peut créer des blocs que l'on pourra ensuite réutiliser dans un programme.

Cliquer sur (Mes Blocs) puis sur « Créer un bloc » et nommer un nouveau bloc « Carré ».

Le bloc « définir Carré » apparaît dans la zone de script, on réalise alors le programme (ci-contre) qui va dessiner un carré.

Si on clique sur le bloc créé « Carré » (Carré) : le sprite dessine alors un carré.

On pourra ainsi utiliser ce bloc dans un autre programme.

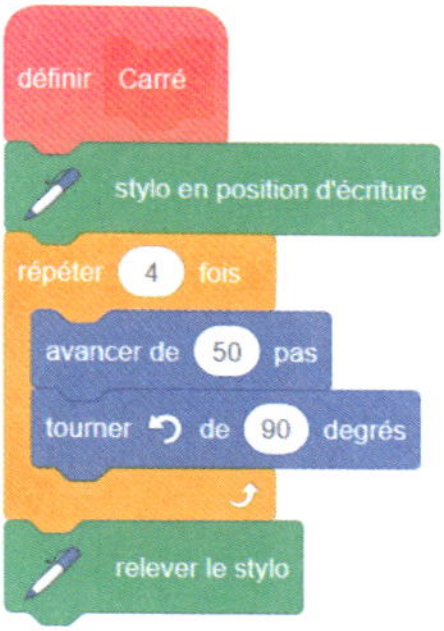

ex. :

Programme	Affichage à l'écran

Exercice type corrigé

Un hexagone régulier est un polygone à 6 côtés de même longueur et dont tous les angles mesurent 120°.

Les hexagones réguliers se retrouvent fréquemment dans la nature, notamment dans les ruches d'abeilles.

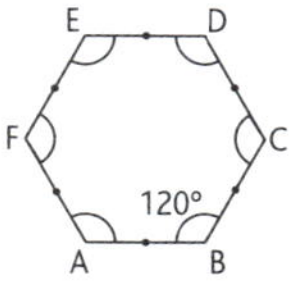

Bloc Hexagone

1. a) Calculer la mesure de l'angle $\widehat{XBC}$ dans la figure ci-contre. Les points A, B et X sont alignés.

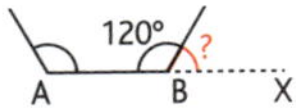

b) Sur le script de la page précédente, compléter les deux informations manquantes du bloc « Hexagone » pour qu'il trace un hexagone régulier.

2. On considère le script ci-dessous qui utilise le bloc « Hexagone » page précédente.

a) Combien d'hexagones réguliers ce script trace-t-il ?

b) Quelles est la longueur des côtés du 1er hexagone régulier tracé ?

c) Quelles est la longueur des côtés du 2e hexagone régulier tracé ?

d) Parmi les dessins ci-dessous, lequel correspond à ce script ?

Dessin 1	Dessin 2	Dessin 3
		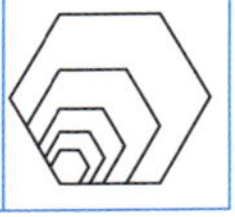

1. a) X, B et A sont alignés donc l'angle $\widehat{XBA}$ mesure 180° moins les 120° de $\widehat{ABC}$, **l'angle $\widehat{XBC}$ mesure 60°.**

b) Pour construire un hexagone, il faut répéter 6 fois le fait d'avancer d'une certaine longueur (qui sera définie plus bas) et tourner de 60° vers la gauche, on obtient le script ci-contre.

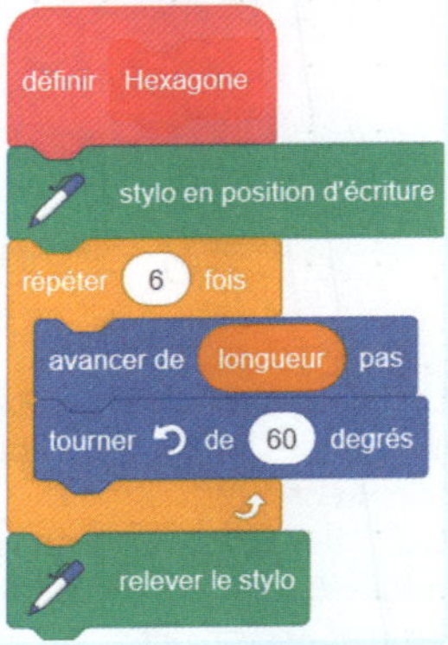

2. a) Le script trace **5 hexagones** réguliers car il y a « répéter 5 fois ».

b) Le bloc « mettre longueur à 32 » donne la valeur 32 à la variable « longueur » du 1er côté.

c) La longueur est multipliée par 1,5 à chaque itération, donc la longueur du 2e hexagone sera de : $32 \times 1{,}5 = 48$.

d) À chaque itération, comme longueur est multipliée par 1,5, l'hexagone va être de plus en plus grand. Nous pouvons donc éliminer le dessin 1. Dans la boucle le sprite revient à son point de départ à la fin de chaque itération. Le sprite va faire 5 hexagones de plus en plus grands en partant du même point. **Le script donnera alors le dessin 3.**

Simplifier une situation pour résoudre un problème

Exercices types corrigés

EXERCICE 1 D'après sujet de Brevet

Pour une bonne partie de pêche au bord du canal, il faut un siège pliant adapté ! Nicolas est de taille moyenne et, pour qu'il soit bien assis, il est nécessaire que la hauteur de l'assise du siège soit comprise entre 44 cm et 46 cm.

Voici les dimensions d'un siège pliable qu'il a trouvé en vente sur internet :
– longueur des pieds : 56 cm ;
– largeur de l'assise : 34 cm ;
– profondeur de l'assise : 31 cm.

L'angle $\widehat{ACE}$ est droit et $ABDC$ est un rectangle. **La hauteur de ce siège est-elle adaptée à Nicolas ?**

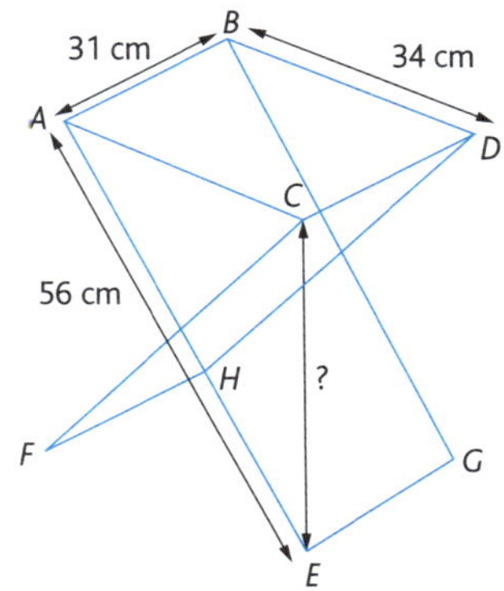

Il faut tout d'abord identifier les données liées à la question. Ici, le but est de trouver la hauteur du siège, c'est-à-dire longueur CE. Il faut utiliser une figure qui comprend CE.

On lit le texte et on y cherche des indices. On y parle de l'angle $\widehat{ACE}$; il faut donc observer les possibilités par rapport au triangle ACE.

Il peut être utile de refaire uniquement le triangle ACE au brouillon afin de simplifier la figure, pour déterminer la notion à utiliser.

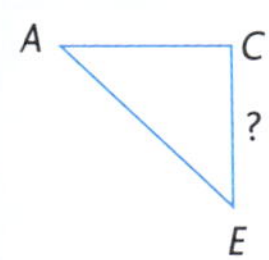

L'angle $\widehat{ACE}$ est droit. Il manque, pour pouvoir calculer CE dans ce triangle, la longueur AC.

On relit encore le texte pour chercher s'il n'y a pas des indices sur AC. On voit que $ABDC$ est un rectangle, ses côtés opposés ont donc la même longueur. AC va donc être égale à BD, soit 34 cm.

On est alors dans un triangle rectangle avec deux côtés connus et un à calculer. Il faut donc utiliser le théorème de Pythagore.

On sait que le triangle ACE est rectangle en C.
Donc, d'après le théorème de Pythagore : $AE^2 = AC^2 + CE^2$.
$AE^2 = 56^2$, donc $56^2 = 34^2 + CE^2$.
$CE^2 = 3\,136 - 1\,156 = 1\,980$.
Donc $CE = \sqrt{1\,980} \approx 44{,}50$ cm.

La hauteur du siège est entre 44 et 46 cm, elle est donc bien adaptée.

EXERCICE 2 D'après sujet de Brevet

Lancé le 26 novembre 2011, le Rover Curiosity de la NASA est chargé d'analyser la planète Mars, appelée aussi planète rouge. Il a atterri sur la planète rouge le 6 août 2012, parcourant ainsi une distance d'environ 560 millions de km en 255 jours.

1. Quelle a été la durée en heures du vol ?

2. Calculer la vitesse moyenne du Rover en km/h. Arrondir à la centaine près. *Pour cette question toute trace de recherche, même incomplète, sera prise en compte dans l'évaluation.*

3. Via le satellite de Mars, Odyssey, des images prises et envoyées par le Rover ont été retransmises au centre de la NASA. Les premières images ont été émises de Mars à 7 h 48 min le 6 août 2012. La distance parcourue par le signal a été de 248×10^6 km à une vitesse moyenne de 300 000 km/s environ (vitesse de la lumière).

À quelle heure ces premières images sont-elles parvenues au centre de la NASA ? (On donnera l'arrondi à la minute près.)

Pour cette question toute trace de recherche, même incomplète, sera prise en compte dans l'évaluation.

1. La durée du vol est de 255 jours. Il y a 24 heures par jour, donc **la durée du vol est de** $255 \times 24 = 6\,120$, soit **6 120 h.**

2. Les données sont très complexes, on peut alors raisonner sans les valeurs des grandeurs, mais juste sur les unités. On veut calculer la vitesse en km/h, on va donc diviser les km par les heures.

On a donc **vitesse** $= \dfrac{560\,000\,000}{6\,120} \approx$ **91 503 km/h.**

L'arrondi est demandé à la centaine, on regarde donc le chiffre des dizaines. Il est inférieur à 5,

L'arrondi de la vitesse à la centaine est 91 500 km/h.

3. Les données sont encore complexes. On raisonne avec les unités. On veut une durée. On a des km/s et des km, on va donc chercher le résultat en secondes. Il faut donc diviser les km par les km/s : $\dfrac{\text{km}}{\frac{\text{km}}{\text{s}}} = \text{km} \times \dfrac{\text{s}}{\text{km}} = \text{s}$.

Il faut aussi simplifier les écritures des nombres dans la fraction. Au lieu de 248×10^6, on écrit 248 000 000.

$\dfrac{248\,000\,000}{300\,000} = \dfrac{248\,000}{300} \approx 826{,}67$ s.

On convertit les secondes en minutes : $826 \div 60 \approx 13{,}77 \approx 14$ min.

Le signal est parti à 7 h 48 min et est arrivé 14 minutes plus tard. $48 + 14 = 62$ min, donc 7 h 62 min, c'est-à-dire qu'**il était 8 h 02 min quand les images sont arrivées.**

Utiliser des exemples pour résoudre un problème

Fiche 48

Résolution de problèmes

Exercices types corrigés

EXERCICE 1 D'après sujet de Brevet, Pondichéry.

Trois triangles équilatéraux identiques sont découpés dans les coins d'un triangle équilatéral de côté 6 cm. La somme des périmètres des trois petits triangles est égale au périmètre de l'hexagone gris restant. **Quelle est la mesure du côté des petits triangles ?**

Toute trace de recherche, même non aboutie, figurant sur la copie sera prise en compte dans la notation.

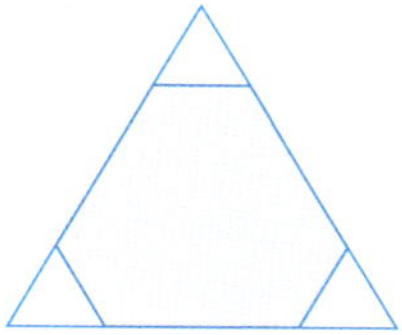

On peut commencer par calculer ce qu'il se passe si les petits triangles ont un côté de 2 cm (on prendra toujours des exemples simples). Le périmètre de l'ensemble des triangles est alors $9 \times 2 = 18$ cm. Pour l'hexagone, on a : $BC = 6 - 2 \times 2 = 2$ cm.

De même $EF = 2$ cm et $HI = 2$ cm.

On trouve alors comme périmètre :

$2 \times 6 = 12$ cm. La mesure du côté des petits triangles n'est donc pas 2 cm.

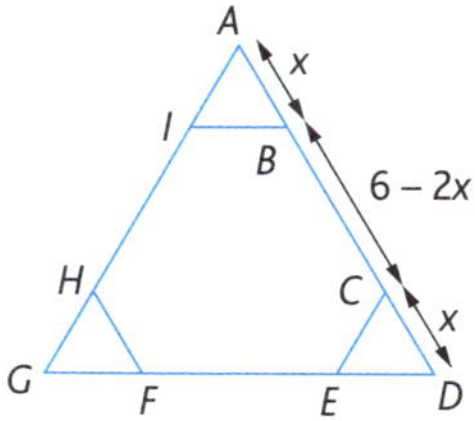

En s'appuyant sur l'exemple, on peut chercher à exprimer le périmètre de l'hexagone en fonction du côté des petits triangles équilatéraux. On l'appelle x.

On a $BC = 6 - 2x$; cette longueur est présente trois fois, donc $3(6 - 2x)$. On doit ajouter IB, CE et FH qui ont pour valeur x. Le périmètre de l'hexagone gris est donc égal à :

$3(6 - 2x) + 3x = 3 \times 6 - 3 \times 2x + 3x = 18 - 3x$.

La sommes des périmètres des petits triangles équilatéraux est $9x$.

On a l'équation $18 - 3x = 9x$, donc $18 = 9x + 3x$, soit $18 = 12x$, ce qui donne $x = 18 \div 12 = 1{,}5$. On vérifie.

Pour les petits triangles équilatéraux, on a $9 \times 1{,}5 = 13{,}5$ cm et pour l'hexagone : $3 \times (6 - 3) + 3 \times 1{,}5 = 9 + 4{,}5 = 13{,}5$ cm.

Il faut donc que le **côté des petits triangles mesure 1,5 cm.**

EXERCICE 2 Une baisse de 20 % puis de 30 % correspond-elle à une baisse de 50 % ?

Pour un prix de 10 € (toujours des exemples simples), une baisse de 20 % correspond au fait de payer 80 % du prix, c'est-à-dire le tableau de proportionnalité suivant :

€	10	
%	100	80

€	8	
%	100	70

donc $80 \times 10 \div 100 = 8$. Le prix après une baisse de 20 % est de 8 €. On applique alors une baisse de 30 %, c'est-à-dire un prix à 70 % autrement dit : $70 \times 8 \div 100 = 5{,}6$. C'est le prix après les deux baisses. Il ne correspond pas à une baisse de 50 % du prix de départ, qui aurait donné 5 € en prix final.

Une baisse de 20 % puis de 30 % ne correspond donc pas à une baisse de 50 %.

EXERCICE 3 La somme de trois entiers consécutifs est 36. Quels sont ces nombres ?

On a besoin de trois nombres dont la somme est égale 36. Ils sont donc proches de 10. On fait alors des essais :
$10 + 11 + 12 = 33$; on continue : $11 + 12 + 13 = 36$.
Les trois nombres demandés sont 11, 12 et 13.

EXERCICE 4 D'après sujet de Brevet, Amérique du Nord.
Arthur vide sa tirelire et constate qu'il possède 21 billets. Il a des billets de 5 € et des billets de 10 € pour une somme totale de 125 €.
Combien de billets de chaque sorte possède-t-il ?
Toute trace de recherche,même non aboutie, figurant sur la copie sera prise en compte dans la notation.

On procède par tâtonnement, c'est-à-dire qu'on va prendre un exemple, et réfléchir à partir de son résultat. On va commencer par répartir les billets de façon équilibrée, on verra après s'il faut plus de billets de 10 ou de 5 en fonction du résultat obtenu.
Prenons 10 billets de 5 et 11 billets de 10 : $10 \times 5 + 11 \times 10 = 160$.
Il faut obtenir une somme inférieure, on a donc besoin de moins de billets de 10 €.
Prenons 15 billets de 5 € et 6 billets de 10 € : $15 \times 5 + 6 \times 10 = 135$.
Il faut obtenir une somme inférieure, on a donc besoin de moins de billets de 10 €.
Prenons 18 billets de 5 € et 3 billets de 10 € : $18 \times 5 + 3 \times 10 = 120$.
Il faut obtenir une somme supérieure, on a donc besoin de plus de billets de 10 €.
Prenons 17 billets de 5 € et 4 billets de 10 € : $17 \times 5 + 4 \times 10 = 125$.
Arthur possède donc 17 billets de 5 € et 4 billets de 10 €.

Choisir les données utiles pour resoudre un problème

Fiche 49

Exercices types corrigés

EXERCICE 1 D'après sujet de Brevet, Pondichéry.

Peio, un jeune Basque, décide de vendre des glaces du 1er juin au 31 août inclus à Hendaye. Pour vendre ses glaces, Peio hésite entre 2 emplacements : une paillotte sur la plage ; une boutique en centre-ville.

En utilisant les informations ci-dessous, aidez Peio à choisir l'emplacement le plus rentable.

Information 1. Les loyers des deux emplacements proposés :
– la paillotte sur la plage : 2 500 € par mois ;
– la boutique en centre-ville : 60 € par jour.

Information 2. La météo à Hendaye du 1er juin au 31 août inclus :
– le soleil brille 75 % du temps ;
– le reste du temps, le temps est nuageux ou pluvieux.

Information 3. Prévisions des ventes par jour selon la météo :

	Soleil	Nuageux - pluvieux
La paillotte	500,00 €	50,00 €
La boutique	350,00 €	300,00 €

Juin : 30 jours ; juillet et août : 31 jours.

Toute piste de recherche, même non aboutie, sera prise en compte dans l'évaluation.

Pour comparer deux investissements, on calcule combien coûte chacun en séparant bien les calculs.

– **Pour la paillotte :** le coût est de 2 500 € par mois. Pour les trois mois (juin, juillet et août), Peio paiera $2\,500 \times 3 = 7\,500$ €.

– **Pour la boutique :** le prix est donné par jour. Pour les trois mois, on aura 30 (juin) + 31 (juillet) + 31 (août) = 92 jours. Le prix à payer sera donc de $92 \times 60 = 5\,520$ €.

Il faut maintenant calculer combien Peio pourrait gagner dans chaque emplacement.

– **Pour la paillotte :** ce que gagne Peio dépend de la météo. L'information sur la météo indique qu'il y a du soleil 75 % du temps, donc 75 % des 92 jours, c'est-à-dire $92 \times 75 \div 100 = 69$ jours de soleil ; $92 - 69 = 23$, il y a donc 23 jours nuageux ou pluvieux.

On regarde alors pour combien il vend chaque jour : 500 € quand il y a du soleil et 50 € sinon. Pour les trois mois, on obtient donc : $69 \times 500 + 23 \times 50 = 35\,650$ €.

– **Pour la boutique :** il vend pour 350 € quand il y a du soleil et pour 300 € sinon. Pour les trois mois, on obtient donc :
69 × 350 + 23 × 300 = 31 050 €.
Il faut alors retirer le prix du loyer de chaque emplacement afin de savoir lequel des deux rapportera le plus.
Pour la paillotte : 35 650 – 7 500 = 28 150 €.
Pour la boutique : 31 050 – 5 520 = 25 530 €.
L'emplacement le plus rentable est donc la paillotte.

EXERCICE 2 D'après sujet de Brevet, Polynésie.

Les « 24 heures du Mans » est le nom d'une course automobile.

Document 1 : **principe de la course** Les voitures tournent sur un circuit pendant 24 heures. La voiture gagnante est celle qui a parcouru la plus grande distance.	**Document 2 :** **schéma du circuit** 
Document 3 : **article extrait d'un journal** 5 405,470 : c'est le nombre de kilomètres parcourus par l'Audi R15+ à l'issue de la course.	**Document 4 :** **unités anglo-saxonnes** L'unité de mesure utilisée par les anglo-saxons est le mile par heure (mile per hour) noté mph. 1 mile ≈ 1 609 mètres

À l'aide des documents fournis :

1. Déterminer le nombre de tours complets que la voiture Audi R15+ a effectués lors de cette course.

2. Calculer la vitesse moyenne en km/h de cette voiture. Arrondir à l'unité.

3. On relève la vitesse de deux voitures au même moment :
– vitesse de la voiture n° 37 : 205 mph ;
– vitesse de la voiture n° 38 : 310 km/h.
Quelle est la voiture la plus rapide ?

1. Distance parcourue (document 3) : 5 405,470 km.
Longueur d'un tour (document 2) : 13,629 km.
5 405,470 ÷ 13,629 = 396,6.
L'Audi R15+ a donc effectué 396 tours complets.

2. 5 405,470 ÷ 24 ≈ 225 km/h.
La vitesse moyenne de l'Audi R15+ est d'environ 225 km/h.

3. 1 mile ≈ 1 609 m= 1,609 km (document 4).
205 miles par heure ≈ 205 × 1,609 ≈ 329,8 km/h.
La voiture la plus rapide est donc la voiture n° 37.

Utiliser des formules littérales pour résoudre un problème

Exercices types corrigés

EXERCICE 1 D'après sujet de Brevet, Polynésie.

La distance d'arrêt est la distance que parcourt un véhicule entre le moment où son conducteur voit un obstacle et le moment où le véhicule s'arrête.

Une formule permettant de calculer la distance d'arrêt est :

$D = \frac{5}{18} \times V + 0{,}006 \times V^2$ avec D la distance d'arrêt en m et V la vitesse en km/h.

1. Un conducteur roule à 130 km/h sur l'autoroute. Surgit un obstacle à 100 m de lui. **Pourra-t-il s'arrêter à temps ?**

2. On a utilisé un tableur pour calculer la distance d'arrêt pour quelques vitesses. Une copie de l'écran obtenu est donnée ci-contre. La colonne B est configurée pour afficher les résultats arrondis à l'unité. **Quelle formule a-t-on saisie dans la cellule B2 avant de la recopier vers le bas ?**

	A	B
1	Vitesse en km/h	Distance d'arrêt en m
2	30	14
3	40	21
4	50	29
5	60	38
6	70	49
7	80	61
8	90	74
9	100	88

3. On entend fréquemment l'affirmation suivante : « Lorsqu'on va deux fois plus vite, il faut une distance deux fois plus grande pour s'arrêter ». **Est-elle exacte ?**

4. Au code de la route, on donne la règle suivante pour calculer de tête sa distance d'arrêt : « Pour une vitesse comprise entre 50 km/h et 90 km/h, multiplier par lui-même le chiffre des dizaines de la vitesse ». **Le résultat calculé avec cette règle pour un automobiliste qui roule à 80 km/h est-il cohérent avec celui calculé par la formule ?**

1. On remplace la vitesse par la valeur fourni, ici 130.

On obtient le calcul suivant :

$$\frac{5}{18} \times 130 + 0{,}006 \times 130^2 = 36{,}1 + 0{,}006 \times 16\,900 = 137{,}5 \text{ m}.$$

La distance d'arrêt pour une voiture roulant à 130 km/h est de 137,5 m.
Le conducteur ne pourra donc pas s'arrêter à temps.

2. Il faut reproduire la formule donnée en remplaçant V par le nom de la cellule avec laquelle on doit effectuer le calcul, c'est-à-dire A2.
On obtient donc dans B2 :

$$= \frac{5}{18} \times \mathbf{A2 + 0{,}006 \times A2^2}.$$

3. **L'affirmation est fausse.** Par exemple pour 30 km/h, il faut 14 m pour s'arrêter, alors que pour 60 km/h, il faut 38 m, donc plus du double.
4. Pour 80 km/h, on prend donc le chiffre des dizaines : 8, puis $8^2 = 64$. Dans le tableau, on a trouvé 61 m, on peut donc dire que la **règle semble cohérente.**

EXERCICE 2 D'après sujet de Brevet, Amérique du Nord.
Le débit moyen q d'un fluide dépend de la vitesse moyenne v du fluide et de l'aire de la section d'écoulement S. Il est donné par la formule suivante : $q = S \times v$ où q est exprimé en m^3/s ; S est exprimé en m^2 ; v est exprimé en m/s.
On considérera que la vitesse moyenne d'écoulement de l'eau à travers une vanne durant le remplissage est $v = 2{,}8$ m/s.
La vanne a la forme d'un disque de rayon $R = 30$ cm.
1. **Quelle est l'aire exacte, en m^2, de la vanne ?**
2. **Déterminer le débit moyen arrondi au millième de cette vanne durant le remplissage. On prendra $\pi = 3{,}14$.**
3. **Pendant combien de secondes faudra-t-il patienter pour le remplissage d'une écluse de capacité 756 m^3 ? Est-ce qu'on attendra plus de 15 minutes ?**

1. L'aire d'un disque est donnée par la formule πR^2. Il faut le résultat en m^2, 30 cm = 0,3 m. On a donc pour valeur exacte :

$$\textbf{Aire} = \pi \times 0{,}3^2 = \mathbf{0{,}09\pi\ m^2}\ (\approx 0{,}2827 m^2).$$

2. Pour calculer le débit moyen, on utilise la formule $q = S \times v$.
Ici, S est l'aire de la vanne et $v = 2{,}8$ m/s. On a donc :

$$q = 0{,}09\pi \times 2{,}8 \approx 0{,}7912 = \mathbf{0{,}791\ m^3/s,\ arrondi\ au\ millième.}$$

3. On veut obtenir des secondes. Il faut donc, avec les unités dont on dispose ici, effectuer : $\dfrac{m^3}{\frac{m^3}{s}} = \dfrac{m^3 \times s}{m^3} = s$.

Ainsi, on divise le volume par le débit q : $756 \div 0{,}791 \approx 955{,}75$ s.
Il faudra donc 956 secondes pour remplir cette écluse.
On veut alors savoir si ce temps représente plus de 15 minutes. On peut simplement calculer $15 \times 60 = 900$ s. **On attendra donc plus de 15 minutes pour que l'écluse soit remplie.**

Méthodes pour répondre à un QCM

Fiche 51

Exercices types corrigés

EXERCICE 1 D'après sujet de Brevet, Amérique du Nord.

Cet exercice est un questionnaire à choix multiple (QCM). Aucune justification n'est demandée.

Pour chaque question, trois réponses (A, B et C) sont proposées. Une seule d'entre elles est exacte. Recopier sur la copie le numéro de la question et la réponse exacte. Une bonne réponse rapporte 1 point. Une mauvaise réponse ou l'absence de réponse n'enlève aucun point.

	A	B	C
1. **Quelle est l'écriture scientifique de $\dfrac{5\times10^{6}\times1,2\times10^{-8}}{2,4\times10^{5}}$?**	25×10^{-8}	$2,5 \times 10^{-7}$	$2,5 \times 10^{3}$
2. **Pour $x = 20$ et $y = 5$, quelle est la valeur de R dans l'expression $\dfrac{1}{R}=\dfrac{1}{x}+\dfrac{1}{y}$?**	0,25	4	25
3. Un article coûte 120 €. Une fois soldé, il coûte 90 €. **Quel est le pourcentage de réduction ?**	25 %	30 %	75 %
4. On considère l'agrandissement de coefficient 2 d'un rectangle ayant pour largeur 5 cm et pour longueur 8 cm. **Quelle est l'aire du rectangle obtenu ?**	40 cm²	80 cm²	160 cm²

Il n'y a pas de point enlevé si la réponse est fausse. Il faudra donc, si jamais on n'arrive pas à répondre, tenter une réponse au hasard. Il faut absolument répondre, on n'a rien à perdre.

1. **Par élimination.** On élimine d'abord la réponse A qui n'est pas une écriture scientifique. On élimine ensuite des réponses en raisonnant, par ordre de grandeur dans ce cas. Sur les puissances de 10, on a, au numérateur, 6 + (– 8) = – 2, et 5 au dénominateur.
On aura donc au résultat – 2 – 5 = – 7. On élimine la réponse C.
La réponse juste est donc la B.

2. **Utiliser la calculatrice.** Ici, au lieu de faire un calcul de fraction, on peut calculer. 1 ÷ 20 + 1 ÷ 5 = 0,25, on veut 1 ÷ R = 0,25 donc R = 1 ÷ 0,25 = 4.
La réponse juste est la B.

3. Utiliser les réponses. On commence par utiliser la réponse A, en calculant 25 % de 120. 120 × 25 ÷ 100 = 30 puis 120 – 30 = 90.
La réponse juste est la A.
4. Calculer avec les données. On élimine déjà 40 cm². C'est 8 × 5, donc l'aire du rectangle de base.
L'agrandissement est de 2, donc la largeur et la longueur sont multipliées par 2, c'est-à-dire qu'on aura 10 cm de largeur et 16 cm de longueur. L'aire est donc de 10 × 16 = 160 cm².
La réponse juste est la C.

EXERCICE 2 D'après sujet de Brevet, Nouvelle-Calédonie.

	A	B	C
1. $\frac{4}{5}+\frac{1}{5}\times\frac{2}{3}=$	$\frac{14}{15}$	$\frac{2}{3}$	$\frac{6}{20}$
2. Combien font 5 % de 650 ?	32,5	645	13 000
3. Quelle est approximativement la masse de la Terre?	32 tonnes	6×10^{24}kg	7×10^{15}g

1. Utiliser la calculatrice. 4 ÷ 5 + (1 ÷ 5) × (2 ÷ 3) ≈ 0,933.

C'est proche de 1. La réponse est donc sûrement $\frac{14}{15}$. En effet, 14 ÷ 15 ≈ 0,933. **La réponse juste est la A.**
2. Par élimination. 5 % est beaucoup plus petit que le tout, on peut donc éliminer 645 et 13 000. **La réponse juste est donc la A.**
3. On élimine 32 tonnes : c'est la masse d'un gros camion. Par ordre de grandeur, on convertit 7×10^{15} g = 7×10^{12} kg = 7 000 milliards de kg. Il est utile de passer à ce genre d'écriture pour essayer de se faire une idée de la grandeur. On cherche alors des exemples. Il y a environ 7 milliards d'habitants sur Terre : même si, en moyenne, chacun pesait 10 kg, on arriverait à 70 milliards de kg ; la Terre serait seulement 100 fois plus lourde, ça ne peut donc pas être la réponse. **La réponse juste est donc la B.**

EXERCICE 3 D'après sujet de Brevet, Amérique du Nord.

Dans une salle, il y a des tables à 3 pieds et à 4 pieds. Léa compte avec les yeux bandés 169 pieds. Son frère lui indique qu'il y a 34 tables à 4 pieds. Sans enlever son bandeau, elle parvient à donner le nombre de tables à 3 pieds qui est de :
A. 135 **B.** 11 **C.** 166

Utiliser les données. 34 tables à 4 pieds, donc 34 × 4 = 136 pieds. Il ne reste que 33 pieds, la seule réponse possible est alors **la réponse B.**